超舒适生活

有温度的生活整理术

洛辰　著

中国民族文化出版社

·北　京·

图书在版编目（CIP）数据

超舒适生活：有温度的生活整理术 / 洛辰著．——
北京：中国民族文化出版社有限公司，2020.7
ISBN 978-7-5122-1347-0

Ⅰ．①超… Ⅱ．①洛… Ⅲ．①家庭生活－基本知识
Ⅳ．① TS976.3

中国版本图书馆 CIP 数据核字（2020）第 046382 号

超舒适生活： 有温度的生活整理术

作　　者	洛　辰
责任编辑	朱亚宁
策划编辑	朱亚宁
责任校对	李文学
出 版 者	中国民族文化出版社　地址：北京市东城区和平里北街 14 号 邮编：100013　联系电话：010-84250639　64211754（传真）
印　　装	小森印刷(北京)有限公司
开　　本	710mm×1000mm　16 开
印　　张	17
字　　数	135 千
版　　次	2020 年 7 月第 1 版第 1 次印刷
标准书号	ISBN 978-7-5122-1347-0
定　　价	68.00 元

目 录
CONTENTS

目录
CONTENTS

目录
CONTENTS

目 录
CONTENTS

从全职妈妈到整理师

我一直都是爱收拾爱折腾的人。小时候我跟妹妹共用房间和衣柜，唯有一张书桌属于自己，有抽屉，有柜子。每年暑假我都要把书桌里的东西全部倒腾出来收拾一遍，整理完感觉很清爽、很舒服。

后来有了自己的家，周末最喜欢做的事就是琢磨如何让自己的小窝更舒适。隔段时间就把家里折腾一番，把东西重新收拾一遍，放得更整齐，或者变换一下家具的位置，换一种布局。

有了宝宝后，我辞去工作，成了一名全职妈妈。每天陷于重复的家务琐事中，洗衣、做饭、喂奶、遛娃，非常累，当然也非常开心。养娃总是这样痛并快乐着。但内心深处还是会有一种莫名的空虚感，一种隐隐的、想要抓住什么的感觉。

我开始变成剁手一族，在那段买买买的日子里，每天都要去网上逛一逛、淘一淘，手指动动，万千商品尽在眼前。乐此不疲地比较商品的款式、颜色、价格，去看关注的店是不是又上新了，看买的东西走到哪里了。各个快递的小哥轮番来拜访我，一个又一个包裹收到手软，拆快递的时候也是无比欢乐。

但后来我发现，快递拆开，快乐也就结束了，然后再继续开始新的循环，仿佛我享受的只是从购买到收货的这个过程。

看着家里越来越多的东西，一个问题冒了出来：我到底在干什么？我到底想要什么？

我是一个很不舍得丢东西的人，家里堆满了各种我觉得"以后可能会用"的东西。每隔一段时间，我还要去重新收拾整齐。

当所有的东西都摊在我面前时，天呐，好多东西我都忘记它们的存在了，我似乎听到了它们的抱怨："为什么留下我们，又不用我们？"

是啊，以为会要用的东西，原来真的不需要啊！而我花了很多时间和精力买买买的这些东西，绝大多数都被舍弃了。

我过去到底都在做些什么呢？！

原来我真的有那么多衣服，却常常觉得没有衣服穿。那些别人送的、觉着划算买的、起球走样的，我不喜欢，也不会去穿，那我为什么要留着它们呢？答案是：仅仅是我想要拥有它们，我想要有很多很多衣服。

可结果是，量变没有产生质变，反而降低了选择标准。当这些衣服穿在身上时，实际上也拉低了我的品位和形象。

在整理的过程中，我慢慢清楚了自己喜欢的类型。因为真正喜欢的，会毫不犹豫地留下来。舍弃了大部分的衣服后，穿衣服时选择反而多了。随手拿一件都是自己喜欢的，而且因为风格统一，也更容易搭配了。

当我把所有不需要的东西清理掉时，突然觉得轻松了，家里也敞亮了。

我开始反思为什么自己会进入这样一个怪圈里面。

在做全职妈妈的日子里，熟练了带娃的各种本领之后，开始有了一点点属于自己的时间。买买买是最容易的事情，既可以打发时间，也不花什么力气，感觉自己淘了那么多性价比很高的东西，为家里省了好多钱，有一种别样的成就感，内心也很满足。

但真相是什么呢？一闲下来，内心的空虚、迷茫和焦虑全都冒出来了，更可怕的是，社交圈日益缩小，跟社会日渐脱节，恐怕这才是自己焦虑的真正原因。

买买买，充其量只能治标。夜深人静的时候，内心的恐慌还是会不可抑制地涌现出来。我所以为的内心的满足都是肤浅的、表面的，就像一个个美丽的肥皂泡，看似流光溢彩，实则轻轻一戳就破掉了。

作为一个全职妈妈，最怕的就是在日复一日的生活琐事中，消磨掉自己的热情与理想，而我也不自觉地进入了这种状态。

另外，因为内心的焦虑和圈子的缩小，我突然变得特别依赖先生，这种没有自我的感觉非常不爽。久而久之，自己变成先生的负担，甚至影响了家庭关系。

我在现实生活中迷失了自己，但内心深处自我改变和自我成长的小火苗一直在燃烧。所幸，整理让我发现了这点星星之火。

我开始接纳自己，接受这样迷茫、空虚、焦虑的自己，不逃避，不嫌弃。将所有物品一一检视，让过去那个糟糕的自己更清楚地呈现在眼前。物品是自身的投射，拥有的每一样物品都带着自己的选择和价值观，勇敢地直面真实的自己。

随着不需要物品的舍弃，自己的内心也一层一层地被剖开。因为不甘心被淹没在每天重复的家务事中，嫌弃那样的自己，希望改变，却走上了一条错误的路，通过买买买来填补内心的空虚，不敢直面自己曾经白白花费了那么多的时间和金钱在这些无用的事上，反而变本加厉地陷入一轮轮的恶性循环，最终换来的是加倍的纠结和焦虑。

我相信很多妈妈都会有跟我相似的境遇，我们知道给孩子的陪伴是最好的付出，我们想要全心全意地陪孩子走过最初的这几年。然而，我们也会觉得内心纠结，空虚迷茫。为什么纠结呢？是因为没有自我了，找不到自己的价值了。

我们首先是自己，然后才是妈妈、妻子以及其他角色。

接纳自己并认清了真实的自己后，我开始了全新的生活，身边全是自己喜爱的物品，心情每天都很好。

每天的家务事照常在做，只不过心态变了。所有的东西井井有条之后，家务事也更顺手了。每次把干净的衣服叠好都成了自己很享受的过程。

让我惊喜的是，当时才 1 岁多的儿子辰辰竟然也像我一样拿起衣服有模有样地叠起来。一开始觉着好笑，后来却笑不出来了。原来我的一言一行都看在孩子眼里，如果我没有改变的话，我的孩子会长成一个什么样的人呢？父母是孩子最崇拜的人，他会天然地去模仿，但更多的是模仿我们的行为。所谓"身教大于言传"，就是这个道理。

所以，为了我的孩子，我也要更加努力！

更重要的是，我发现，整理师就是我苦苦寻找的、热爱的事业，我非常享受整理这个过程，也非常愿意去帮助别人。看到很多人同先前的我一样认识到自己内心深处的问题并慢慢改变时，那种快乐是无与伦比的！

我的整理师之路开始了。

我开始尝试上门整理，走进一个个真实的家庭去实践摸索，了解中国家庭的整理问题，研究更适合的解决方法。当口口相传带来一个又一个客户时，被信任和被认可让我内心非常满足。

我开始做讲座，开分享会，做系统的课程，想把让我自己受益的整理术分享给更多的人。

更让我开心的是，2018年我把整理收纳课程带进了校园，给小学生讲授如何通过整理自己的物品，培养独立自理的能力，养成良好的学习和生活习惯，让孩子们从小建立整理收纳的意识，学习如何自我管理。现在，我已经是多所学校的整理课程老师。

同时，我也开启了一对一的咨询服务，提供更有针对性的方案，帮助数百个家庭解决空间规划和整理收纳的问题。

成为整理师，是我人生中一个非常重要的决定，不仅成就了自己的价值，还帮助别人实现了她们的价值。

一个全新的世界，打开了！

第 **1** 章

舒服得不想出门的家

在整理咨询的过程中，我发现越来越多的人开始咨询装修收纳相关的问题，经常是拿着装修图纸就来找我了。我会从整理的层面、收纳的角度，结合客户自身的需求和生活习惯，帮他们规划出更合适的方案。

在装修的时候就考虑收纳的问题，考虑实际生活中的使用习惯，是非常重要的一步。装修的时候就规划设计好家里的收纳空间，会极大地提高入住后的舒适度。如果等到入住之后再发现的话，很多东西就很难改了。

当我第一次有了属于自己的家时，整个人都扑在了家的装修设计上。没有请设计师，没有请装修公司，以一己之力把 125m² 的房子变成了家。

家中每一个角落都是我精心设计的，用规划整理的思维细致地构想了我想要的样子。无数次想象在里面生活的情形，考虑自己的物品明细，考虑家人的生活习惯，等等。

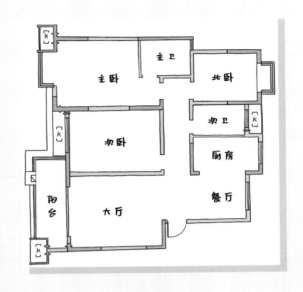

　　那段时间，我一天到晚蹲在毛坯房里，量尺寸，改图纸，跑来跑去模拟在家里生活的各种场景。进门之后怎样更方便，炒菜的时候灶台哪个高度更舒服，孩子更喜欢在哪里玩耍，我可能需要在哪些地方工作，这里应该留几个插座，那堵墙是不是可以拆掉……真的是头发都熬掉了一大把，个中辛苦，不足为外人道也。

　　最终，收获了一个舒服得让我每天都不想出门的家，一个永远都待不够的家。在家的每一刻都是欢喜的，看到每一处都是雀跃的。

　　没有特定的风格，也没有华丽的装饰，就是按照自己喜欢的样子来设计。家里的每一处空间都结合我们的生活习惯、按照我们的心意设计，所有的物品都井井有条，生活在家里的每个人都能感受到方便舒适。

　　这，就是我想要的家。

01 厨房：最爱这里的烟火气 ▼

小时候的很多记忆都跟厨房有关，妈妈总像变魔法一样从厨房里端出各种美味的食物。离家多年，最惦念的依然是妈妈做的各种好吃的。每次回父母家，爸妈也是一直在厨房忙活。尤其过年时，一团团的白雾升起，一阵阵的香味窜出，热气腾腾的馒头、包子，香喷喷的炸丸子、炸鸡块。

对家的记忆中，厨房总是占了大半。我也一直认为，厨房才是家的核心。所以，我规划厨房的时候着实费了一番力气，可以说是整个家里花心思最多的地方。

厨房的规划设计，我有三个重要需求：一是方便实用，二是容易清洁，三是美观。如果非要在方便和好看之间选一个的话，我更倾向于方便好用。但是，作为一名规划整理师，我肯定会竭尽所能在方便好用的基础上更好看，这个原则也始终贯穿在家的整个装修过程中。

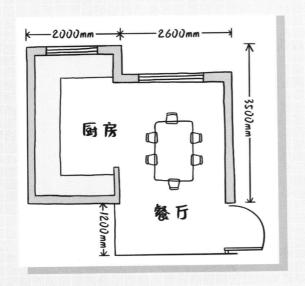

我家厨房实际面积有 6m² 左右，不算大也不算小。窗户在短边，门开在长边，最适合做 U 型厨房了。这也是空间利用率最高的方案了，可以将三面的空间都利用起来。

要想方便好用，第一个要考虑的问题就是厨房的动线规划，让洗切炒的流程顺畅起来，虽然厨房空间小，有时候也就是多走一两步。但我们在家里很多事情都是要重复无数次的，所以能省一步是一步。

第二个问题就是收纳了。厨房空间虽不大，但要收纳的物品却一点都不少，如何将所有物品都安置进去且安排得明明白白，会极大地影响厨房使用的舒适度。

在经过无数个日夜的思考，参考了数不清的案例和数据，再结合自己家的实际情况后，我终于有了这两张草图。直到现在我仍然记得这两张图画出来之后自己无比激动的心情，真的是呕心沥血。

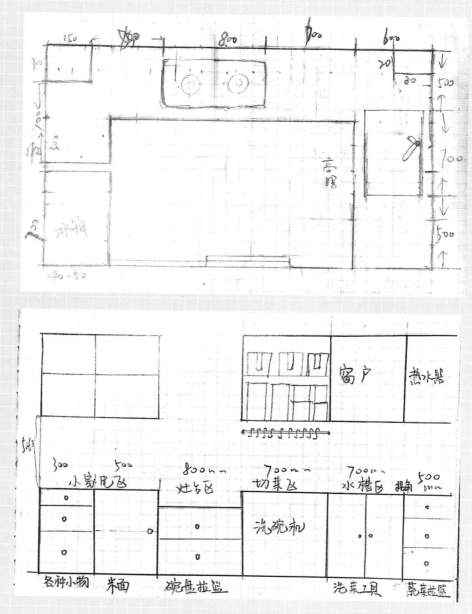

▲ 洛辰手绘厨房设计草图

　　地柜的设计以抽屉为主。

　　灶台下的两个大抽屉是碗盘拉篮，上面的大抽屉放碗，下面的放锅。

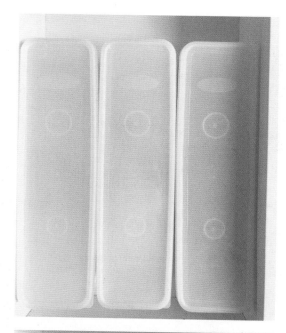

右边的抽屉是调味品和粮食的储存区。第一层抽屉用来放面条。

◀ 第一层抽屉 各种面条

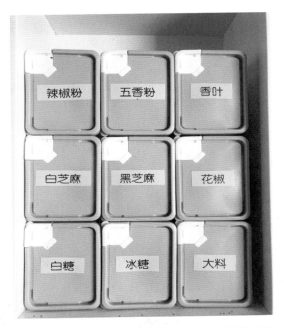

辣椒粉　五香粉　香叶

白芝麻　黑芝麻　花椒

白糖　冰糖　大料

第二层是调味品，用收纳盒分类装好。

第三层用了两个收纳盒放米和面。说实话，这两个盒子我找了好久才找到这么合适的尺寸，放进去刚刚好，盒子容量也够大。

◀ 第三层抽屉　米面

　　左边的抽屉第一层是备用筷子、叉子、密封袋之类的辅助小物品，像这种小物品厨房里都少不了，但又没什么高度，最适合放在浅浅的抽屉里，同时用了抽屉分隔盒来分类收纳，怎么用都不会乱。手套放在十字开口的盒子里，需要用的时候直接抽一个，方便极了。

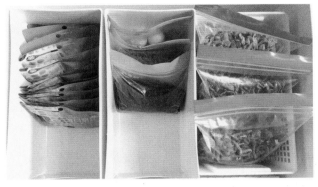

第二层放了一些常吃的干货，都用密封袋分装好，使用的时候一目了然。

◀ 第二层抽屉　干货

第三层规划为零食抽屉，够深够大，容量足够。这个高度，孩子自己拿取零食也很方便。

抽屉内部用了几个收纳盒把空间分隔开，用来分类放各种零食。

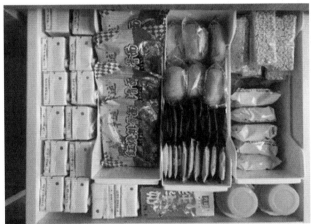

▲ 第三层抽屉　零食

这两排抽屉做的时候特意嘱咐了木工师傅，尺寸不是平均分的，而是不同高度的。厨房里其实很多零碎小东西，占面积却不占高度，100mm 左右的抽屉完全够用。如果真的平均分，每个抽屉的高度都是 200mm 左右，那就真的是浪费空间了。要么就叠放好几层，那使用起来又不方便了。

左边的橱柜分了两层，用来存放大瓶的油盐酱醋，也就是调味品存储区。

◀　调味品存储区

　　右边的橱柜没有分层，直接一个大柜子。因为先生家每年都会手作粉丝，每次过完年都会带来一大包，裁剪成合适的宽度后，放在这个大柜子里就非常合适了。

　　如果是北方的朋友，经常买大袋的面粉或者其他体积比较大的物品，这样的大柜子都很实用。

　　水槽下的柜子里面有煤气表、净水器、垃圾处理器，只有一点点空间可以用，就放了洗洁精、除油污剂等清洁用品。在门上挂了挂钩，不常用的漏勺等也挂在这里。

不常用物品　干货　空盒
不常用的锅　辅助工具
厨房用纸　客用碗盘　杂粮
筷勺叉　干货　零食柜　调味料　存储区
碗盘　锅
面条　调味品　挂面　粉丝
清洁用品

▲　厨房物品收纳全局图

▼　果蔬区

　　水槽右边直接留了个大空间，是预留给洗碗机的。在洗碗机安装之前，这个区域也一直发挥着非常重要的作用——果蔬区，用来放那些不需要放进冰箱的蔬菜水果。

▲ 小推车收纳果蔬

　　两个小推车刚好把这个大空间分成了6个小空间,用来分类收纳最合适不过了。

　　一辆小车放蔬菜。 最上层是葱姜蒜等配料,中层放大白菜、番茄、黄瓜等比较干净的蔬菜,最下层就用来放会沾泥土的食材,像土豆、红薯、紫薯等根茎类。

　　另一辆小车用来放水果。苹果、梨这些比较重的水果放在下层,轻的放在上层,容量还是蛮可观的。

　　小推车是有网眼的,每层都垫了牛皮纸做分隔。防止上层的脏东西往下漏,一旦脏了也方便更换,省了清洗推车的麻烦。

　　走进厨房就能看到这样的活色生鲜,红红绿绿的特别有烟火气。

左边同样留了空。这个地方放了冰箱之后，剩余的空间就很小了，如果按照常规的做成柜子，那里面势必形成一个空间死角，不管怎样都不好利用，索性敞开来。本来是收纳死角的位置现在也是开放的，用来放洗碗块（洗碗机专用）等。

◀　　死角位置收纳

　　留空的地方，在上方做了一根滑轨，配上 S 钩，把所有的锅全都挂上去。只要把滑轨拉出来，不管是使用还是放回都很容易，完美解决了锅的收纳难题。

▼　　滑轨 +S 钩收纳锅

厨房台面区域从右到左依次是水槽区、切菜区、灶台区、小家电区。每个区域的尺寸都反反复复考虑了好多次，最终确定了现在的布局。

高低台面 ▶

在设计台面高度时，我测试了很多种不同的高度，分别体验洗菜、切菜和炒菜的最舒适高度，最终决定做高低台面。将水槽区的部分抬高了80mm，这样洗菜洗碗就不用一直弯着腰，炒菜时也不用抬着胳膊。使用起来，体验非常好。

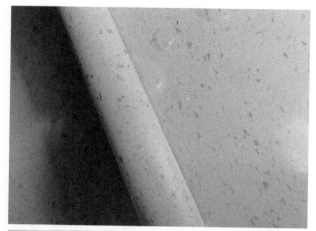

◄ 台面边上的挡水条

◄ 上墙收纳

台面边缘也专门做了挡水条，避免台面上的水滴落，也能有效防止鸡蛋等滚落下来。

台面上除了小家电之外，再没有其他的东西。这就是厨房容易清洁的秘诀——台面无物。

台面无物，做饭的时候可以毫无障碍地大展拳脚。做完饭收拾时，也非常流畅。

不是每顿饭都必须要用的东西，全部收进抽屉或柜子。每顿饭都要用到的东西，则遵循一个原则，那就是上墙，挂起来。

常用的油盐酱醋全部用了统一的瓶子，放在墙上的两排置物架上。置物架没有打洞，用免钉胶粘上去，粘完之后静置 24 小时以上再使用，牢牢的。

上排从左到右分别是：盐、五香粉、辣椒粉、鸡精、淀粉

下排从左到右分别是：酱油、老抽、醋、料酒、香油、食用油

刀的把手都没有洞，也不想用磁力刀架，总觉得看起来很危险，因此选了自己喜欢的白色刀架。

◀　调味品上墙收纳

◀　刀架

◀ 挂杆收纳

　　配了同样的白色挂杆和挂钩，勺子、锅铲、刷子等都挂上去，用的时候方便，洗干净之后也容易沥干。

　　沥水篮也全部挂起来，大中小一套沥水篮，灰色系的，符合整个厨房的色调。一套 6 个，每组一个沥水篮一个盆，小号洗水果，中号洗肉类，大号洗蔬菜。

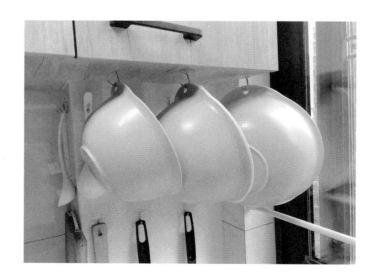

沥水篮悬挂收纳　▶

冰箱跟橱柜之间还有一点小小的空间，正好可以放下磁力挂架。厨房用纸、锡纸、油纸、保鲜袋都可以放上去。下方还有几个小挂钩，用来挂挂围裙也不错。

▲　吸附在冰箱侧面的磁力挂架

筷子笼也是挂在墙上的，找了很久，选了这款素雅些的，很喜欢上面的字，"enjoy your life"是非常重要的事情。

▲　筷子笼上墙

灶台后面粘了一排不锈钢架，是用来放锅盖的。一开始把锅盖架直接粘在正对着炉火的后面，用的时候发现不方便，尤其开火的时候，很容易烫到手，应该往旁边挪一点会更顺手。可惜免钉胶的黏性实在太好，怎么都弄不掉。所以又买了两个粘在旁边，这样一排整整齐齐也挺好。

窗台上装了一根细细的伸缩杆，主要用来晾晒抹布。

水槽用的是大单槽，之前用过双槽，深深觉得洗大锅非常不方便。大单槽是真的够大够宽敞，搭配一个沥水架就很好用了。

◀　锅盖上墙收纳

◀　窗台伸缩杆

◀　单槽水盆

▲　小家电

小家电区，预留了足够的插座，每个插座都有单独的开关，再也不用频繁插拔，非常方便。这里常驻的小家电是电饭煲、破壁机、厨师机、热水壶，但凡不是经常使用的，都没有放在台面上。

▲　杂粮收纳

我是忠实的杂粮爱好者，家中常备各种杂粮，红豆、绿豆、黑米、糙米、燕麦、小米、黄豆、黑豆等，用统一的密闭收纳盒存放，透明可视，拿取方便，彩虹一般的颜色，像极了生活的多姿多彩。

每次补充粮食的时候，小帮手辰辰就上线了，把袋子里的粮食一样一样倒进杂粮盒里的工作必须得留给他，不然还会跟我急呢。

▲　杂粮放入收纳盒

懒人抹布和厨房用纸也会适当地多备几卷，一般一个月消耗一卷，属于低频物品，放在不容易拿到的吊柜上层。

▲　懒人抹布和厨房用纸的收纳

开放区域最初的收纳 ▶

开放区域，当时是给家里的小烤箱留的地方，升级为蒸烤箱之后，小烤箱就流通出去了。这个位置就用来放茶水系列。开放的搁板上用统一的盒子来收纳茶叶，常用的杯子也放在这里，下方台面上依次是温水壶、热水壶、凉水壶。温水壶常年设置在55℃，热水壶用来泡茶。跟喝水相关的动作就可以在这个区域完成了。

▲ 开放区域现在的样子

◀ **吊柜里用白盒收纳**

　　最上层的吊柜里放的是备用水杯、茶具、备用密封袋等不常用的物品。下层吊柜则是干货的存储区，在使用的过程中，一些食品盒空出来之后，也会洗净晾干在这里。

　　这个部分收纳的东西比较细碎杂乱，就用了统一的白色盒子藏起来，再贴上标签，既看不见内部的凌乱，也不会忘记里面的东西。

　　预留冰箱位置的时候在双开门和单开门之间纠结了一阵。厨房本来就不大，如果用双开门，整个一侧的空间都要留给冰箱，厨房的台面和柜子空间都会少很多。也可以把冰箱放在餐厅，但比划来比划去还是觉得不妥，双开门冰箱实在太占地方了。

我们一家三口饭量又不大，平时也不会存储太多食材，一般一周采购一次，单开门的冰箱够用了。

日常吃的蔬菜都放在保鲜盒里，红红绿绿的让人很有食欲，有盖的保鲜盒可以减缓食材水分的流失。当然最要紧的是趁着新鲜赶紧吃掉，不要把冰箱当成仓库。

冰箱冷藏区的最上层留空。日常家庭中，难免会有些剩菜剩饭的，这层空间就用留给它们啦。

冰箱中间保鲜区通常用来放馒头、包子等，不用再专门解冻。冷冻室的两层，最上层用来冷冻饺子，中间层冷冻各种饼，如肉饼、菜饼等。

▲ 冰箱内部收纳

▲ 馒头和饺子在冰箱里的收纳

冷冻室最下层用来冷冻肉类，鸡翅、虾仁等，大块的肉会直接切成小份，根据需求，比如肉末、肉丝、肉片，按照一顿饭的量分装在食品盒中。要吃的时候，提前一天拿出一盒放进冷藏室，第二天就可以直接使用了。

肉类分装冷冻　▶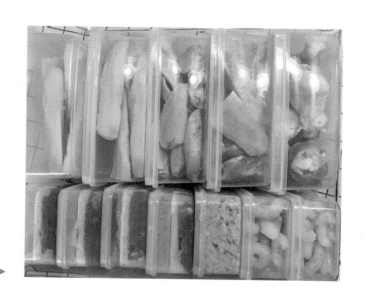

餐厅原来的布局 ▶

我做了开放式厨房，厨房和餐厅连在一起。餐厅原本的布置是这样的，窗台下放了一整条没有柜子的餐边桌，餐桌放在正中。

后来我一度将餐桌挪到餐厨交界处，起到岛台的作用。炒完菜一转身直接把菜放到餐桌上，一步都不用多走，动线短得不能再短了。有时我会直接在这里备菜，做面食的时候就更方便了，全家一起动手也不嫌挤。

大大的餐桌特别适合全家人一起做饭，我和面、你剁馅，你擀皮、我包饺子，我切菜、你炒菜，即便一个人做饭，也能轻松跟家人聊天。再也不像以前一样，门一拉，一个人孤零零地在厨房里。偶尔人多的时候，就把餐桌放回餐厅正中，七八个人也坐得下。

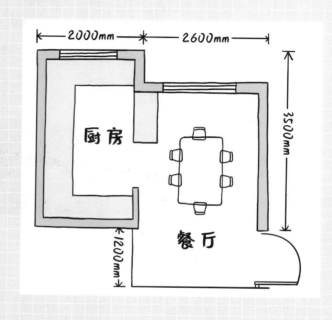

島台餐厨户型图 ▶

现在我把餐厅窗户下这一整条全部做成了西厨区，这么宽大的台面空间足够用了。餐桌也相应挪到靠墙的位置。这样就实现了中西厨独立分区＋餐厨一体化，简直完美！

厨师机也挪了过来，下面的柜子里是各种面粉和烤盘。我也会囤一点面粉，就藏在面粉盒的后面。橱柜600mm的进深一分为二，前面是使用区，后面就是存储区。富余的空间没有什么东西可放，就作为备用空间了。

▲　面粉使用区和存储区

蒸烤箱下方的抽屉和上方的敞开空间用来放蒸烤盘和烤架。常用的放在上面，不常用的放在下面。

　　两个柜子中间专门预留了一个 500mm 左右的空间，用来放拉篮推车，第一层放烘焙要用的各种小工具，第二层用来存放做好的面包，下面两层用来存放各种水果。

▲　拉篮收纳烘焙工具和水果

　　厨房里洗碗机安装好之后，原本放在那里的小推车就转移到了西厨区的最左边，离水槽最近的区域，放在这里动线依然很顺手。

　　筷子笼也转移到了这个区域，从洗碗机里拿出来一抬手就能放进去。吃饭的时候从这里拿筷子勺子也比之前的位置动线短很多。

设计这个西厨区的时候，我的宗旨就是中西厨独立，操作台面够大，收纳空间够大。所以整个西厨区用柜子＋拉篮＋小推车的方式组合起来。

两个柜子作为支撑的主体，能够将这一整条 2.4m 长的厚实台面稳稳地撑住。分别留出两个空位作为灵活使用的空间。拉篮下方也有滚轮，便于移动，四层大容量拉篮起到抽屉的作用，使用的时候更方便。

　　不管是中式面点还是西式烘焙，需要的所有材料（各种粉、工具、模具等）和设备（蒸烤箱、厨师机）都在这个区域，所有的操作都可以在这里完成，也不用来来回回跑很多次。

　　整个厨房＋餐厅终于实现了餐厨一体化。

有了舒服的厨房，辰辰小朋友都开始自己动手做饭了，当然要有大人陪同的哟，煮饺子、下面条、蒸馒头，忙得不亦乐乎。而且小朋友自己做的东西，自己吃起来更香，瞧瞧这满足的小表情。

我不是一个擅长做饭的人，现在却愿意花更多的时间在厨房里。揉一块面团，看着它在烤箱里一点一点蓬松、长大，甜甜的香气慢慢地溢满整个家，这不就是一个家最温暖的烟火气嘛。

02 储物柜：走廊变身储物柜 ▼

　　家庭生活时间长了，总会有各种各样的杂物，住得时间越久，杂物可能会越多。一个能放各种杂物的储物柜是必须的，否则这些杂物就只能被塞得到处都是。

　　在设计储物柜的时候，曾想过在大厅做一面墙的柜子。4m×5m 的大厅，空间还是很大的。我在毛坯的大厅里模拟了很多次，还是觉得哪一面墙都不能舍弃。一面墙要作为黑板墙，一面墙要留白来投影，剩余的一面墙想要刷上淡淡的灰色。

　　详细列一列，我也没有那么多东西需要一个四五米长的大柜子。另外，我不愿意在一开始就把所有的东西固定得死死的，在家的格局上，我是喜欢经常变化一下的。隔一段时间，我就会挪动下家具的位置，有时只是挪动了几步，或是换个方向，就是新的布局，恍然换了新家一样。

　　当然厨卫不一样，因为厨卫有水电、有燃气，这些都是要一开始就固定的，而且厨卫的空间相对较小，功能性也更专一，所有的东西有固定的位置会更方便。

　　既然大厅不能用，目光就转向了阳台。我们家只有一个南向大阳台，且都是窗户，这么好的采光区，总不能用柜子堵起来吧。餐厅也不大，加一面墙的柜子会显得更局促。

▲ 阳光采光非常好

　　这怎么办呢，在房子里转悠了一圈，最终把眼光放在了走廊上。长长的走廊可是占了将近 10m² 呢。 走廊宽 1200mm，正是两个人面对面走路不会影响的宽度，硬生生地直接在走廊上做柜子，就算是最窄的 300mm，走廊剩下 900mm 的宽度，那也是很奇怪的。

　　走廊南向是两间卧室，主卧带卫生间，次卧准备做儿童房。我还跟先生念叨说，这次卧，整的比主卧可大多了。突然灵光一闪，何不向次卧借点空间呢？以后也是辰辰一个人住，卧室根本不需要那么大呀。

　　把走廊跟次卧的这堵墙砸掉，做一个进深 500mm 的储物柜，中间加一层隔音棉，跟次卧里的衣柜背靠背。墙体本身的厚度就有 200mm，相当于跟次卧借了 300mm 的深度。卧室虽然少了一点空间，但多了这么一个容量巨大的储物柜。

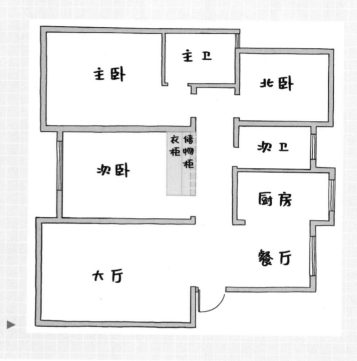

主卧

主卫

北卧

次卧

次卫

衣柜 储物柜

厨房

餐厅

大厅

砸掉次卧的墙，做成储物柜 ▶

　　柜子的内部格局也是我自己设计的，没有人比自己更了解自己的实际需求。我把要装进储物柜的物品一一列出来，设想了入住后的各种使用场景：哪些需要放在柜子里，哪些需要放在抽屉里，哪些大件要留出足够大的空间，哪些小物件需要放在抽屉里。

　　最终确定了储物柜的格局。走廊的灯安装好之后，真的是太喜欢这里了，原本平淡无奇的长走廊变身为家中最让人心动的地方。

走廊储物柜　▲

　　储物柜最显眼的就是这 10 个抽屉了。各种零零散散的杂物，用抽屉 + 收纳盒分隔，放得妥妥贴贴。

　　第一层的大抽屉放的是化妆品、护肤品、洗脸巾等储备品。

收纳细节图　▶

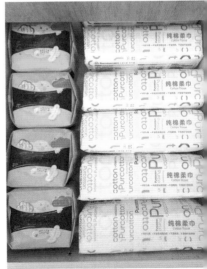

第二层抽屉的高度是我用起来最舒适的高度，放的是我出门时经常要用的物品。各种零碎的东西分别用收纳包装好，化妆包、零钱包、电子产品包等，用的时候直接拿起小包装进大包或者旅行箱就可以了。

▲　小包内部收纳

经常讲课，用嗓过度，润喉糖是必备的，也放在这里，随时补充进收纳小包。帽子、墨镜、颈枕、斜挎手机壳、小蜜蜂扩音器、手表等也都放在这里。根据不同的出门需求，拉开抽屉自由搭配组合即可。

收纳细节图　▶

第三层抽屉收纳的是各种零零碎碎的小杂物，这里用分隔盒＋密封袋的组合方式来收纳。不常用的数据线用扎线带扎好，再装进密封袋。

数据线的收纳　▶

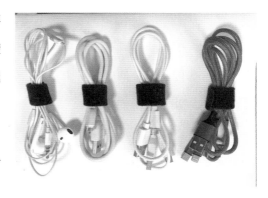

　　标签打印机和标签纸单独放一个收纳盒。环保袋都叠好也放进单独的收纳盒，出门买菜的时候就从这里拿。备用的抹布也放在这里，整整齐齐叠成小方块，直立收纳，尺寸刚刚好。

收纳细节图　▶

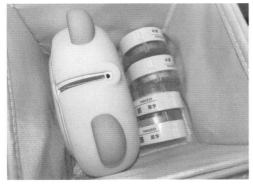

第四层收纳的是上门整理需要用的各种物品和工具。要上门整理的时候就打开这个抽屉，带上所需的工具就可以啦。

最下面一层用来放工具，包括手电钻、钳子、扳手、螺丝刀、电池等，每一类物品都有自己的位置，清清楚楚。

小抽屉第一层用来放药品，备一些常用药，其实用到的时候还真不多。我基本半年清理一次，把过期的药品处理掉。第二层放懒人拖把的干布和湿巾等储备品。第三层放垃圾袋，第四层放雨伞，最下一层是一次性拖鞋。

收纳细节图　▶

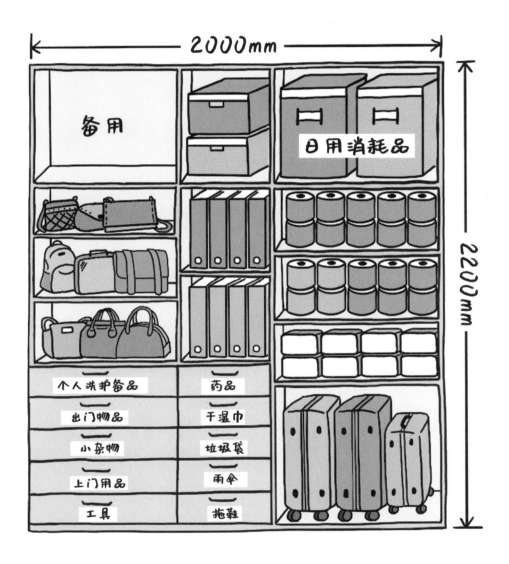

▲　储物柜物品收纳全局图

柜子最上层留出 400mm 的高度，用来存放不常用的大件。

剩余柜体做了活动搁板。最上层放的是低频使用的包包。中间层是先生出门要用的包，下层放的是我出门经常用的包。

现在出门的行头基本以背包和帆布包为主，因为要带电脑和保温杯。那些以前经常使用的小包就很少用了。

每次出门的时候，我就打开这个柜子和第二个抽屉，需要带电脑就背大的背包，不用带电脑就用小背包，然后从抽屉里选需要带的东西，几分钟就搞定啦。回来之后也随手各归各位。

使用频率较低的小包 ▶

中间的小柜子计划就是来放文件的，我和先生一人一层。用文件夹把各类文件分类放好。

文件收纳 ▶

右边一列柜子就是我家的存储区了。上面的隔层分别放抽纸和卷纸，排列得整整齐齐，非常舒适。

家中的日常物品都是我在管理，为了最大限度地节省花在物品管理上的时间和精力，我把日用品的购买频率定为半年一次。

纸巾收纳 ▶

我清楚地知道每半年家中需要消耗多少包抽纸、多少包卷纸，并给出相应的空间来存放它们。所有的日用品都集中在这里。先生和孩子都知道纸品在这里，无论哪个地方没纸了，他们都可以自己拿取，再也不用什么事情都找老婆、找妈妈了。新的日用品买回来，拆掉包装后也全部放在这里。而我再也不用在日用品上花费任何精力了。

如果我每个月都要考虑这些事情的话，对我来说是极大的消耗，得不偿失，所以我的选择是用空间换时间。

下面的大空间就是大件物品区，用来放我家的三个行李箱刚刚好。

▼　行李箱收纳

这样一个储物柜，收纳了家里所有的杂物，而且安放得井井有条。家人都知道物品的位置，需要什么也都自己去拿。偶尔忘记的时候，我只需要说一声："走廊柜子第三个大抽屉。"就可以了。少了"妈妈，纸巾没了。老婆，螺丝刀在哪里？"的声音，幸福感真的提升好多倍啊。

　　储物柜放在这个位置真的是非常妙。原本单调的长走廊变成一道风景，而且是很实用的风景。这个位置也是整个家的中心，不管从哪里过去拿东西，动线都很短，方便极了。

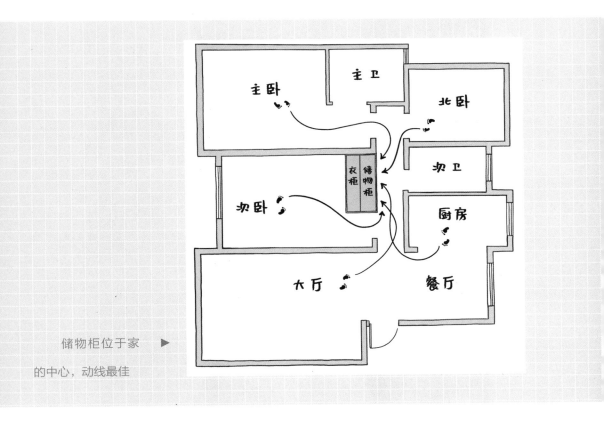

储物柜位于家
的中心，动线最佳 ▶

当夜幕降临，走廊的灯打开，亮亮的白色灯光一圈圈打在灰色的墙壁和地砖上，有一种精致的仪式感。暖黄色灯带和原木色柜门又恰到好处地中和了这清冷，点亮了家的温馨。

03 衣橱：胜似衣帽间的衣橱 ▼

刚拿到房子的时候，满心满眼都想着弄一个衣帽间。估计没有哪个女人不想要一间大大的衣帽间吧。对着户型图研究了很久，跑到房子里各种比划，最终不得不遗憾地放弃了衣帽间的想法。

衣帽间方案一：把主卫改成衣帽间。$4m^2$ 足够做一个衣帽间了，但是，两者比较之后我更想要一个动线足够短的洗手间。方案一失败。

衣帽间方案二：朝北小房间变成衣帽间，$8m^2$，更大、更宽敞。然而，这个房间更大的用处是住人。辰辰毕竟还小，家里老人还是会来住，必须要保留一个房间。方案二失败。

衣帽间方案三：从次卧借空间到主卧，主卧的墙砸个门出来。可这样的话，次卧的儿童房会变得特别小，原本想设计在走廊的储物柜也要改变计划。整体来看，空间利用率太低。方案三失败。

衣帽间方案四：主卧里做开放式衣柜，不安装柜门，其实也是衣帽间的效果。但考虑到灰尘的力量，最终作罢。方案四失败。

所有方案都不可行，只能放弃衣帽间，就每个房间单独做衣柜好了。而且我想要衣帽间单纯是想要圆自己衣帽间的梦，其实，我并没有那么多衣服要放。如果能够实现的话，那当然好。既然不行，就另做他法吧。

作为一名规划整理师，经过我手叠的衣服不下几千件，我会叠各种各样的衣服，也叠得非常好。但在我自己家，我不想把过多的时间放在叠衣服上面。

统计了家中所有的衣服，包括数量、类型、长短、比例等，最终衣柜的格局是这样：

我的长短款衣服各占一半，右侧是夏天的长裙，中间是长款的外套、连衣裙等，左侧短款区是 T 恤、衬衫、毛衣、卫衣等。

先生的衣服几乎全是短款，这样两个 800mm 宽的挂杆可以挂下他所有的衣服。辰辰的衣服还比较短，直接在长衣区的中间再钉一根挂杆，一层变成两层，挂辰辰的衣服刚刚好。上层的衣服妈妈来管理，下层的高度辰辰能拿到，方便他自己每天挑选衣服。

▲ 洛辰衣柜

▲ 先生和辰辰的衣柜

大大的抽屉用分隔盒分成一个个小空间，分别用来收纳每个人的袜子、内衣、围巾等小件。

　　所有的打底裤放在一个抽屉里，全部直立收纳。

　　床单被罩也都叠成一个个的方块，整整齐齐站在抽屉里。

打底裤直立收纳　▶
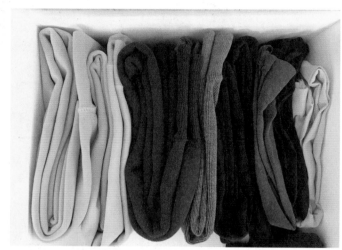

床单被罩直立收纳　▶
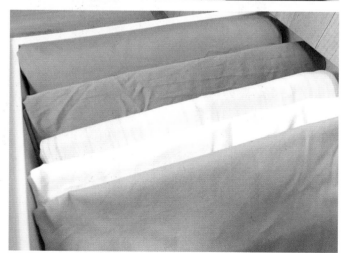

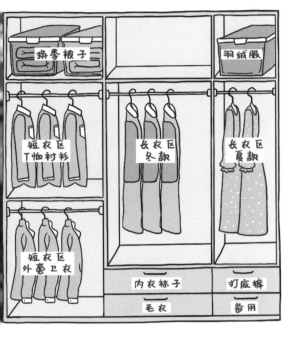

▲ 衣柜收纳全局图

顶部的柜子用来放换季的被子和冬天的棉衣，目前只使用了一半的空间。

90%的衣服都挂了出来，从此告别叠衣服，节省了大量的时间和精力，也在很大程度上避免了衣柜的混乱。

打开柜门，所有的衣服一目了然，再也不会"找不到衣服穿"。

想买衣服的时候，看一眼衣柜，就知道到底该不该买了。

全部使用统一的衣架，晾干的衣服直接就可以挂进衣柜，放在各自的区域里，想要复乱都很难。

每个人的衣服都有单独的分区，先生可以独立管理自己的衣服，再也不喊"老婆，我的 T 恤在哪里呀"。辰辰也开始建立独立区域的概念，学着整理自己的衣服。我出差的时候，其他人可以很容易地使用辰辰的衣柜，也不用每次专门交待了。

　　就这样，一共 2.4m^2 的衣橱装下了我们一家三口所有的衣服。虽然没能拥有一个衣帽间，但我们家有了一套容量超大、独家定制、井然有序的衣服收纳系统。

04 玄关：没有玄关的玄关 ▼

买房的时候看了很多奇奇怪怪的房型，直到看到这个，三房两厅，非常方正的南北通，各个房间都有窗户，也没有奇怪的角落。一进门左右两个厅，非常敞亮，就是没有玄关。

没有玄关也可以造一个玄关出来嘛。不过，关于如何造一个玄关出来，装修的时候也想了很久，比如在靠近客厅一侧或靠近餐厅一侧做个顶天立地柜或者隔断柜。前前后后想了好几个方案，最终还是空在那里了。

如果一件事情，我一直不能下决定，就说明这不是我真正想要的，或者说我还没有找到自己能接受的那个方案。所以，宁愿先空着。

我们家到现在也是没有玄关，就放了一个简单的鞋柜。用来放拖鞋和当季要穿的鞋子，我家的鞋子是真得少，一个季节每人也就两双鞋子。小孩子好动比较费鞋，会多准备一双。小柜子是全开放的，换鞋之后直接把鞋子放进柜子，完全没有开关柜门的繁冗动作，所以从来不会出现家门口一堆鞋子的状况。

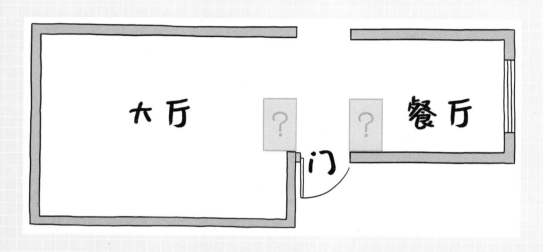

▲ 玄关处户型图

◄ 门口鞋柜

鞋柜的最上层放了两个收纳盒，里面是小包的手帕纸、美工刀，冬天的时候手套和帽子也会放在这里，接送孩子的时候会用得到。

墙面用多出来的木框做了一个架子，挂上几个S钩，用来挂钥匙。

钥匙收纳 ▶

其实入住后的很长时间，我都在纠结玄关这块到底该怎么设计。直到前段时间突然想通，我为什么必须要有一个玄关呢？

"别人家里都有玄关你也该有呀！""当然要有一个玄关来遮挡一下视线呀！"这些"应该"和"当然"就真的是应该的吗？

真正应该的是，这个玄关是适合我的才对呀。

现在这样一个非常不正式甚至不能称为玄关的鞋柜，满足了我需要的所有功能。其他常规玄关的功能，比如大鞋柜、放包、挂衣服等，对我而言，都不需要在门口解决。

大鞋柜在阳台。

衣服在卧室，家里没有暖气，没有冬天进门挂厚衣服的需求，我也不喜欢在门口的位置放很多衣服。

包包等出门常用物品都在走廊储物柜里，回家后也会立即放回原来的位置，不会在玄关徘徊。

没有遮挡的玄关，正好方便我在厨房做饭的时候，伸个头就能看到在大厅里玩耍的辰辰。

对我而言，这就是最适合我的，用起来最舒服的设计。这才是我的"应该"呀！

05 大厅：全家人最舒服的起居室 ▼

在描述自己家的时候，我一直刻意避开了两个字"客厅"。查一下，客厅的意思是主人与客人会面的地方，也是传统客厅的功能。

但在我家，这么一个宽敞明亮、采光通透的大厅，绝对不是以客人为主的。我希望这里是一个孩子可以肆意疯跑的宽敞空间，是一家三口可以舒服地窝在这里的起居室。

走廊储物柜承担了绝大部分的储物功能后，大厅的设计就不用考虑收纳了。刚入住时的大厅，没有沙发，没有电视，没有茶几，没有整面墙的柜子，就是一个空荡荡的大厅。

　　大厅北面挨着入户门是一面宽 1600mm 的墙，用来做黑板墙正合适。辰辰一直想要一面黑板墙，正好满足他的愿望。我们经常在黑板墙上随意涂画，学写字，写备忘录，遇上特殊的节日也会用自己拙劣的画技出一期应景的黑板报。

黑板墙　▶

入住半年后，添了个小沙发。最朴素的灰色，没有什么存在感，也好打理，也是跟浅灰色的墙面呼应下。沙发虽小，也是三人位，一家三口挤在一起看大屏也是很热闹。

没有电视，选择了投影仪。大屏确实超级爽，我经常陪辰辰看他喜欢的各种动画片、纪录片。他现在5岁了，有了很多的认知，对于事物也很有自己的见解。他喜欢爸爸妈妈陪他一起看，尤其是纪录片，边看边互相讨论。辰辰享受的不仅是爸妈的陪伴，我想还有一部分需求是对于新鲜知识的交流吧。

投影仪没有固定在墙上，而是放在了小推车上，靠近沙发边。投影仪的尺寸放进去刚刚好，而且不会遮挡镜头，简直是量身定做。偶尔推到卧室去看个电影也很方便。

有时候觉得自己是真的懒，因为不想来来回回搬投影仪，就想出了小推车的法子，后来就索性一直放在上面了，反正也很合适。

投影仪放在小推车上 ▶

没有茶几，而是紧靠阳台放了一张大大的书桌，是我们共同的工作学习区。书桌上就一盏台灯，再无其他多余的东西。我们在这张桌上一起读书、画画、做手工，一起完成幼儿园作业。

　　辰辰上中班后，自己专注的时候越来越多了。我就在这张桌上看书、码字、做课件。他一抬头，妈妈就在旁边。我一回头，他正玩得专心。都是彼此的隐形陪伴。

　　等他再大些，这里也会是他的学习区。我忙我的工作，他写他的作业，互相做彼此的榜样。

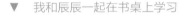
▼　　我和辰辰一起在书桌上学习

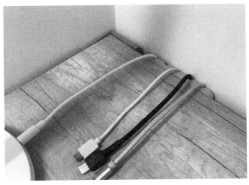

▲　充电线固定收纳在书桌边

　　每天都要用的充电线固定在书桌边上，用的时候抽出来，使用完再顺着固定卡槽推回去，桌面永远清清爽爽。

　　请木工师傅做了个简单的矮柜，一为了遮挡电线，二用来放我的书。清理过几次，留下的书并不多了，两个小隔间正好够放。旁边放了两个矮矮的书柜，书柜放的都是辰辰的书。这些书大都已经读过很多遍了，偶尔还会再翻一翻。

　　扫地机器人小笨也藏在电视柜下面，小笨其实也不笨，只不过刚来的时候不熟悉家里的环境，扫得跌跌撞撞的，辰辰就说它笨笨的，从此就喊它小笨了。

▲　两个书柜

年纪一天天大了之后，越来越明显地感觉到身体的变化，尤其是连续熬夜加班的话，全身会有说不出的难受。年轻时，补一觉就什么都回来了。现在就不行了，我清楚地知道，是太缺乏运动了。

　　每天到外面去运动的话，可能最多能坚持一天，所以有了这台跑步机，放在靠近阳台的一侧。也不跑步，就用来快走，每天看着阳台的风景快走30分钟，或者追一集喜欢的剧，时间很快就过去了。微微出汗的感觉真的很舒服，坚持下来，能够明显地感觉到身体各个部位的舒畅和体力的恢复。

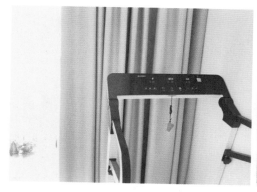

▲　跑步机　　　　　　　　　　　　　　　　▲　跑步机上的视野

剩余的地方全都空着，方便辰辰大展拳脚。搭建个乐高城堡，开一家超市，经营一个农场，变身厨师开个饭店，拿出所有的拼插玩具全家一起做手工，或者满地打滚、随意奔跑，都随他。

空间，用起来才是活的。

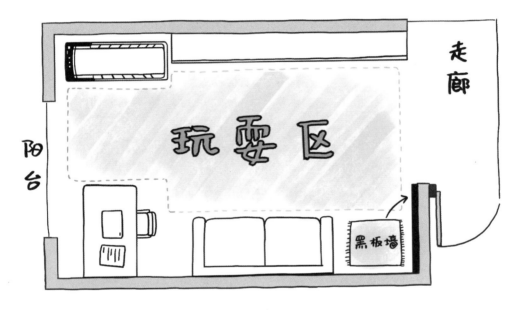

▲　大厅布局图

　　一个人在家的时候，这里也是我最爱待的角落。或窝在沙发上读本书、看个电影，或在桌前打开电脑敲敲打打。累了就抬起头，阳台上的花花草草绿意正好。

▲ 光影

下午三四点钟，西晒的阳光洒到这里，留下柔柔暖暖的光影，时光正好。

06 阳台：不止是晾衣服 ▼

　　大大的落地阳台几乎全是窗户，采光非常好。东侧墙面有一个凹槽，800mm 的宽度，刚好用来放洗衣机，但也只能放得下一台洗衣机。也曾考虑过在更宽敞的另一侧做洗衣机＋洗手台＋拖把池的常规组合，但终究觉得太浪费这难得的阳光，于是否决了。

阳台上就简简单单放一台洗衣机，上方的空间做了鞋柜，根据家里各种鞋子的高度和数量定制出适合自己的鞋柜，存放当季不穿的鞋子。这个鞋柜或许不大，却刚好能装下我们一家三口的鞋子。

阳台鞋柜　▶

说到阳台的功能，不可避免的一件事情就是晾晒衣服。之前的房子有一个超级大的阳台，有一个小房间那么大。我也曾尝试在阳台上放个小沙发，想着看个书、喝口茶，定是惬意无比。

然而，阳台正中间是升降晾衣杆，大多数时候都是挂满衣服的状态。在头顶飘满衣服的情境下，这口茶实在是喝得难受呀。阳光完全被挡住了，整个厅也显得暗暗的。

所以这一次，我一定要守护好阳台的阳光和风景。

不安装升降晾衣架，晾衣服的需求怎么解决呢？

阳台西侧的墙面有 1.4m 的宽度，从厅里看不到这个地方，且西晒的阳光更充足。晾衣服的需求就交给这一小块地方了。

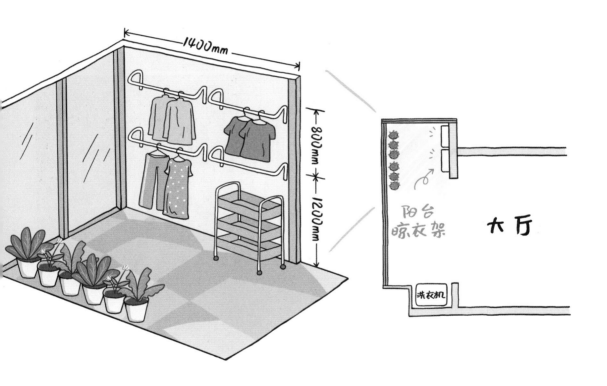

1400mm

800mm

1200mm

阳台
晾衣架

大厅

洗衣机

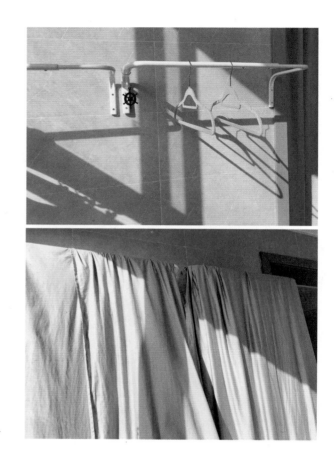

晒床单 ▶

在墙上钉了两排晾衣架，上层的高度（2000mm）一抬手就能够到。下层的高度（1200mm）刚好够挂长衣服，也是辰辰能够得着的高度，有时候晾晒自己的小衣服也很方便。

床单被罩这样的大件，也可以晒得开，同时洗几件也没有问题。

这样两排衣架，一共2800mm的长度，完全满足日常的晾晒需求。而且只用了一点点的墙面空间，存在感非常弱。在大厅看不到满满的衣服，在阳台也能舒服地喝喝茶，赏赏景。

洗衣机和晾衣架分别在阳台的两侧，有两三米的距离。晾衣服的时候一件件来回跑也是很累的，我就用了一辆小推车，从洗衣机里把所有的衣服拉出来放在小推车上，推到晾衣架下——晾晒。衣服干了之后，把需要叠的衣服直接叠好放在推车上，需要挂的衣服就带着衣架运回衣柜。

　　这样一辆小推车就完美地把洗—晒—收的动线连起来了，而且更加省力方便。这个运送衣服的活动也变成了辰辰最喜欢的游戏之一，只要启动"呼叫推车"的按钮，辰辰就乐颠颠地跑来了，"收到，保证完成任务"。

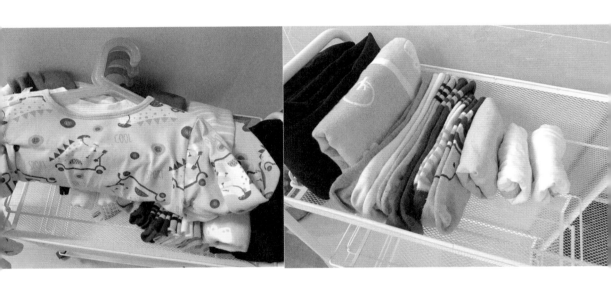

▲　小推车收衣服

　　阳台的最佳视野区全都留给了绿植和阳光。精心养护下，个个长势喜人，绿意盎然。绿萝旺盛的枝条长长地垂下来，鸭掌柴从巴掌大长到半人高，铜钱草更是爆盆得不行，弱弱的文竹一直抽条，各种各样的多肉也活得好好的。

每天早上，我都会拿喷壶给它们一一喷水，细密的水珠洒下，绿绿的叶子更加娇嫩欲滴。使我迷糊的大脑也跟着慢慢清醒过来。

工作到下午两三点有点昏昏欲睡的时候，或是思路遇到瓶颈、想问题卡壳的时候，我都会来阳台看看它们，随意地喷喷水，修剪下发黄的叶子，拿小铲子松松土。在这儿消磨一会儿，对我来说特别治愈，思路也清晰多了。

出差好几天回到家，放下行李第一件事看儿子。第二件事就是去阳台看我的这些宝贝儿绿植。几天不见，看看哪个宝贝又蹿个头儿了，哪个需要浇水了，哪个叶片上落了灰尘，赶紧一片一片擦干净。这些事做完了，才算是完成了回家的仪式感。

没有衣服的阳台，带来的不仅仅是明亮的阳光和开阔的风景，更是我的疗愈身心之所。在这里可以最近距离地跟大自然接触，可以短暂地忘记所有，肆意地放空心灵。愿每个人的家中都能有一处心灵栖息地。

07 卫生间：好用，还要好清洁 ▼

　　家里两个卫生间，次卫是标准的长方形，2500mm×1600mm，是常规的尺寸。洗衣机在阳台上，所以卫生间分为三大块就可以了：从外到内依次是洗漱台、马桶、淋浴房。

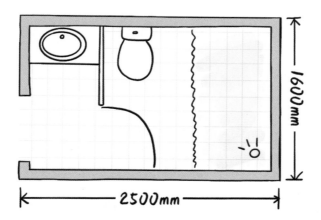

干湿分离是很早就想好要做的。把最外面的墙敲掉一部分，留够洗漱台的宽度。洗漱台跟马桶之间砌了半堵墙，加了个门。相当于把原来在最外面的门往里推移了。

这样洗漱台就被分离出来了，作为干区来使用。湿区是马桶和淋浴房的区域，这样洗漱和如厕淋浴可以互不干扰。分区之后，马桶和淋浴的空间略小，就没有再做玻璃门了，用了浴帘隔断。

主卫的尺寸是 2400mm × 2000mm，比较方正。最初也是想做成干湿分离的。

因为我特别想把化妆品直接放在洗漱台的区域，洗脸之后护肤化妆一条龙就完成了。之前化妆品放在卧室，动线太长不说，有时也会影响家人休息。

但是这种方正的尺寸如果也做干湿分离的话，就有一点小了，所以我想了很久。

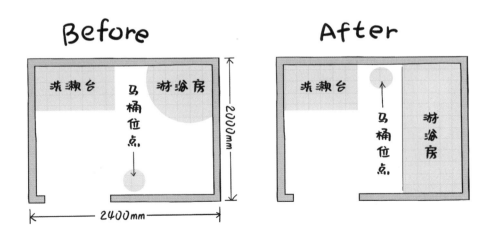

其实如果按照房子原来的构造来布局会非常简单。就像这张图一样，洗漱台、马桶、淋浴房，也算是做到了初级的干湿分离。

但是，都有俩卫生间了，为啥都不能满足自己仅仅是想在卫生间化妆的这么一点点的愿望呢。而且，这个动线是多么省时省力呀。

不行，必须想办法满足。

首先把马桶移到对面了，看上去更顺眼、整齐些。这里要注意，马桶移位一定要请教专业的师傅，能不能移，怎么移，移完之后会不会堵塞等都要考虑好。

接着就是彻底地解决干湿分离的问题。

走廊次卫中间加了一堵墙，可以很好地干湿分开，放化妆品也可以，但由于离主卧有些距离，使用起来不是很方便。

由于主卧卫生间宽度不够，不能用墙来做隔断，而且主卫的窗户非常小，如果加堵墙的话，洗漱台会非常暗。

回想一下，以前家里的卫生间，为什么没有放化妆品呢？

因为每次洗澡之后都会有湿气溢出来。卫生间虽然大，但洗完澡照样镜子上全是水汽，可想而知，化妆的各种粉粉怎么受得了。

怎样才能封住水汽呢？

我留意到，一般淋浴房都是不封顶的。淋浴房里隔断玻璃的高度一般是 2000mm，最下方是 100mm 左右的防水条，上方会空出 300mm 左右的高度。

为什么不封到顶呢，有这么几个原因：1. 两米高的隔断足够隔离水了；

2.不封顶，视觉上会更好看、更敞亮；3.担心密封太好，洗澡时间长了会感到憋闷。

但要想把脆弱的粉粉们放在卫生间，淋浴房就必须封顶，否则这个干湿分离就谈不上彻底了。而且，淋浴房封顶，也很漂亮呀，一点都不影响美观。

两个卫生间都有窗户，且淋浴房是长方形的，隔断的两扇移门之间也有很大的间隙，根本不用担心会闷着，而且冬天洗澡还会更暖和呢。

如果是钻石形或者正方形的淋浴房，没有窗户，又是完全封闭的，就真的要考虑长时间洗澡导致热气憋闷的问题了。

我参考了很多封顶淋浴房的使用感受，普遍不会觉着憋闷。也了解过淋浴房封顶的可操作性，完全能做到。

这样一番考虑下来，我就很明确了。主卫除了卫生间的基本功能外，最主要的功能就是满足我把化妆品都放在卫生间的需求，在这个主要需求之上，其他的都可以让步。

后来考虑到主卫离厨房的热水器还是有点距离的，用起来热水来肯定会慢一些。家里人口少，一个淋浴足够用了。主卫里就暂时没有安装淋浴房，这样就更加不会影响我放化妆品了。

格局定好之后，就是细节了。

第一个是瓷砖，我跟先生不约而同地都选了灰色系的瓷砖，也是我们整个家的主色调，实在太喜欢各种色调的灰色了。

第二个要考虑的就是一定要容易清洁。洗手间里到处都是水，经常都是水，清洁不及时的话很容易产生黏黏滑滑的水垢，那种感觉真的不想再经历。

所以两个洗手台都选择了平整台面＋镜柜的搭配。不同之处在于主卫的采光略逊于次卫，所以主卫选择了白色洗手台，次卫则选了灰色纹理的。

次卫灰色柜体洗手台 ▶

相对来讲，主卫的使用率更高一些，所以也承载了更多的储物功能。

镜柜内部分两层，为了拿取更容易，特意把镜子的高度放低了一些，这样拿上层的东西也毫不费力。

镜柜的门是不对称的。宽的那扇门总是打开也很不方便的。所以我的收纳分区是，把常用的瓶瓶罐罐都放在窄的一侧，每次使用只需要打开窄的门就可以了。

主卫镜柜收纳 ▶

右侧窄边上下两层也有分区，下层是每天早晚要用的洗面奶、精华、面霜等。上层则是几天用一次的护发精油、面膜等。

左侧宽的门后藏的物品更低频一些，三角形的组合收纳套装里放的是不常用的发簪、口红等。旁边依次摆开几天会用到一次的香水等。下层则是出门时才会用到的化妆品。

这个宽窄分区的对比也很有意思，看起来需要很多东西，其实常用的也是那么几样。

本来想在墙上钉一个伸缩镜用来化妆的，现在也用不着了，因为总有一扇镜子是可以用的，倒也省事了。

洗脸巾粘在镜柜的后面，洗完脸之后，打开窄的镜柜，抽一张洗脸巾擦脸，然后开始护肤程序，完全不用频繁地开关镜柜。

常用物品都收纳在窄区 ▶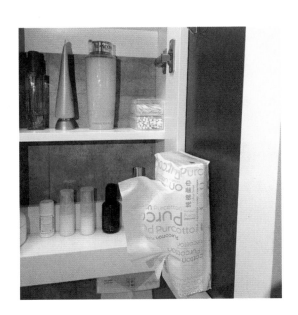

镜柜下面有个凹槽，尺寸正好可以塞一包抽纸，再贴上两段纳米胶，抽纸就牢牢地固定住了，洗完手之后擦手的流程也非常顺手，这里就是擦手纸巾的地儿了。

▲　擦手纸巾正好收纳在凹槽中

牙刷牙膏也想放进镜柜里，但是电动牙刷的高度太高了，放不进去。思来想去，把牙刷架粘在镜子后面，这里得注意牙刷架的高度，利用镜子背后凹进去的深度，让刷头正好卡在镜柜层板的上面，这样才能把门完全关上。

电动牙刷收纳　▶

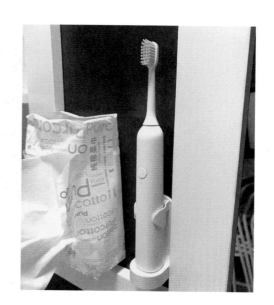

洗脸巾的位置也是一样的道理。洗脸巾大概有 40 ～ 50mm 的厚度，粘的高度要注意避开镜柜中间的层板。关上门之后也不能影响本来在镜柜里的东西，好在我的这些护肤品都挺薄的，完全可以跟洗脸巾共享空间。

　　空间小就是这样，每一点尺寸都得计算准确。

　　辰辰的牙刷牙膏牙杯放在他自己可以拿到的置物架上面。

辰辰的牙具收纳在他　▶

容易拿的地方

梳子挂在镜柜侧面。这把梳子本来没有洞，没有办法挂起来，一直收在抽屉里。后来我用电钻钻了个洞，挂在外面用起来就更方便了。仅有的几条项链挂在另一侧镜柜的后面，清清楚楚，提醒我偶尔也戴一戴它们。

◀ 镜柜细节图

整个台面没有任何物品。洗脸巾擦完脸之后，顺手就把空无一物的台面积水抹干净，物尽其用，轻松方便。

◀ 洗漱台面空无一物

台盆柜由一个柜子和三个小抽屉组成。抽屉还是很实用的，上层放的是电动牙刷的充电线和面膜，中间一层放卫生巾，最下层放的是垃圾袋。柜子里面放了一个小厨宝和两卷备用卷纸，再没有其他东西了。

▼　台盆柜抽屉内部

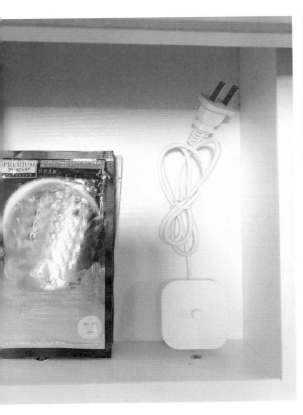
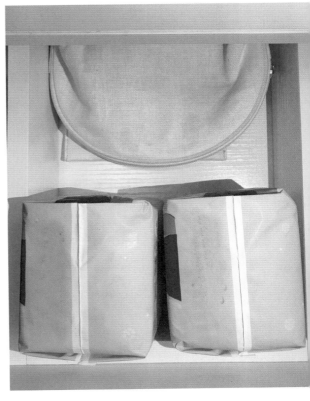

我的洗护用品虽然不算多，但也占满了整个镜柜。所以先生的物品都放在次卫了，他的东西更少，牙刷、牙膏、剃须刀、基础护肤品，一字排开，宽宽敞敞的。

　　次卫台面上也没有东西。两个小抽屉，上层是吹风机，下层是辰辰的剃头工具，到目前为止，辰辰的头发还都是他老妈我来操刀的。

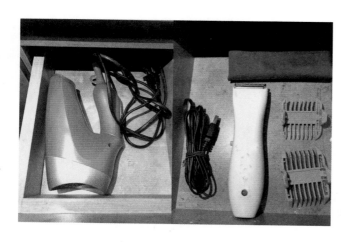

◀　次卫抽屉内部

　　淋浴处做了壁龛用来放洗浴用品，全部换成了统一的分装瓶。我不喜欢在瓶身上贴标签，就算是一样的棕色，没有标签我一样能分辨得出来，这就够了。

◀　壁龛处洗浴用品收纳

干湿分离之后，马桶和淋浴的空间并不大，有一个问题就凸显了出来，洗澡的时候毛巾、脏衣服、换洗衣服放在哪里呢？

寻摸了一圈，也只有门后和门后的墙面可以利用了。在门后和墙面上粘了几个无痕粘钩，用来挂衣服和毛巾。下方的墙面上，用拖鞋架放一家三口的拖鞋。

这个动线也正好，进来之后关上门，衣服毛巾挂好，拖鞋换好，洗澡，洗完之后，拿毛巾擦干，换拖鞋，穿衣服，抱着脏衣服出去丢进洗衣机。

拖鞋放在拖鞋架上　▶

设计卫生间的时候，我的宗旨就是越简洁越好。洗漱台、马桶、花洒，每个地方都是水和水汽，太容易藏污纳垢了。所以我对洗手间的要求就是用起来舒服，清洁起来容易。

在这个地方，露在外面的物品越少，越容易清洁，而且我本来也不喜欢有太多的东西在外面。我个人对于"视觉噪音"的接受度还是比较低的，所以在物品比较多的洗漱台处，尽量把东西都藏进镜柜，洗浴用品也都换成统一的款式。

洗完脸抹一抹台面，洗完澡用喷枪喷一喷马桶和地面，再刮一刮墙面。平时随手清洁，就不会积累难以清理的污垢了。

08 卧室：在这里越少越好 ▼

　　人的一生有三分之一的时间在睡眠中度过，我尤其缺觉，又是敏感体质，所以卧室的环境越简单越好。简简单单一张床，纯色系的床品更显得安静。

纯色床品 ▶

床边一张摇椅，自从这个摇椅进入家门，就成了我和辰辰最爱待的地方，宽宽大大刚好能坐下我们两个，每天晚上的亲子读书时光多半在这张摇椅上进行。我也最爱窝在这里看书，若是正好有阳光，别提多惬意了。

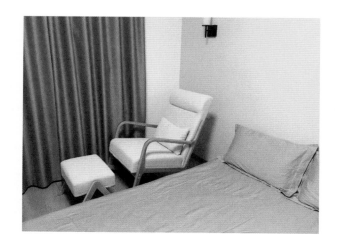

▲　床边摇椅

◀　飘窗

近期想读的书都放在大大的飘窗上，放几个抱枕，一条毯子，又是一个舒适的读书角。

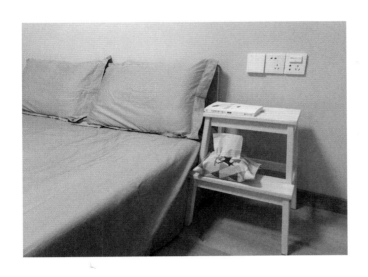

用个梯凳做床头柜，其实也没什么东西需要放。有时候凳子拿走当梯子用，床头就什么都不放。若是手机，睡前就直接放在地板上。少了床头柜，空间也宽敞了好多。

卧室里还放了一张书桌。无数个深夜，等辰辰入睡后，我就是在这里勤勤恳恳码字、改课件。

一盏台灯、一台电脑、一个呼呼酣睡的小人儿。

夜，正好。

09 儿童房：只希望你快乐 ▼

　　辰辰的房间应该怎么规划呢？我把辰辰带过去：宝宝，以后这里就是你的房间啦。小家伙立刻乐开了花，在房间里跑来跑去。"我的高低床、小车们、娃娃家，都在这里咯"。

　　看着他开心的样子，我突然就有了灵感：那就规划成独属于辰辰的样子呀。

　　刷墙的时候，辰辰出人意料地选了一款橘粉色。刷好之后效果真的很惊艳，干透之后的颜色更浅一些，特别柔和。谁说男孩子不能喜欢粉色呢。

▲　淡淡橘粉的墙面

　　原来的高低床放进去实在太高了些，怎么放都不合适。索性把它锯开，变成两个可爱的小床。辰辰立刻滚上去，"好喜欢我的小床啊"。

　　最开始的时候，儿童房里除了一个定制好的衣橱和一张小床，其他什么都没有放。那时辰辰还跟我们一起住，想着等他真的住进去了，到时再布置也不迟。

　　那辰辰的物品都去哪里了呢？

　　辰辰是一个高需求而且很敏感的宝宝，对于陪伴的要求也很高。不管是玩耍还是读书，他都希望有大人在身边。所以我把儿童区规划在了大厅里，辰辰所有的玩具和书籍围绕着黑板墙组成了一个小小的空间。辰辰喜欢得不得了，跳进去对我说："妈妈，这就是我的家了，欢迎来到我的家。"

　　在跟辰辰一起布置儿童区的时候，我没有跟他说过这是你的空间之类的话。但做完之后，孩子立马就感受到了。他能感受到这是属于他的小空间，辰辰很喜欢有属于自己的独立空间。在这个空间里，他的书籍、他的玩具都是独属于他的，而他自己，也是个独立的小人儿了。

　　这个小小的儿童区带给了辰辰很长一段时间的快乐。

随着辰辰长大，尤其中班以后，辰辰也开始有一些作业，亲子作业、画水粉画都需要一张大大的桌子。辰辰开拓的一些新游戏需要更大的空间，小小的儿童区有点局促了。

规划，需要更新了。

所有的玩具都搬进了儿童房，只留下书籍在大厅里。同时大厅也做了新的规划。

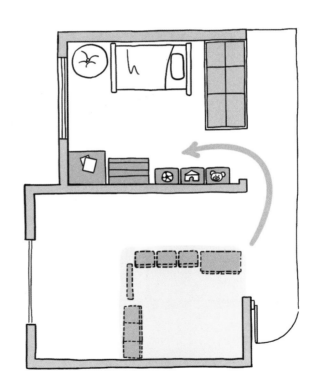

玩具从大厅搬到儿童房　▶

儿童房的规划宗旨依然是，留出尽可能多的空间给辰辰。所有的玩具都靠着墙一字排开，中间的完整区域留给辰辰自由玩耍。

　　透明抽屉用来分类收纳小型的玩具，小车一个抽屉，恐龙一个抽屉，所有的拼插玩具放一个抽屉，画画工具一个抽屉。从外面一眼就能够看到里面的物品，辰辰自己抽拉也很方便。

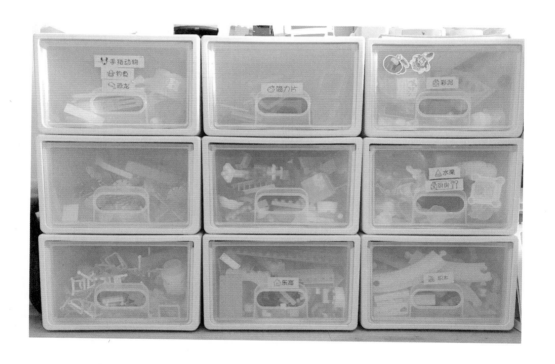

有时候两排抽屉中间留出一个空位，那是辰辰自己设计的"小小的家"。米菲的小毯子当门帘，门帘放下的时候就不要来打扰我啦。小小的人儿在小小的家里也有自己小小的生活。

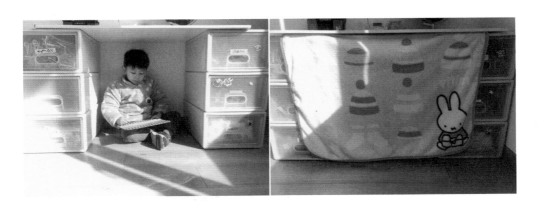

大件的数量比较多的玩具，比如大颗粒乐高，用敞开式的收纳盒收纳。收纳盒底部有轮子，辰辰可以轻松地移动它们。

◀ 有轮子的敞口收纳
盒收纳大件玩具

超大号的玩具，像小厨房、地球仪之类的，就直接陈列在台面上。

辰辰想在大厅里玩耍的时候，就直接端起一个抽屉，或者推一个盒子过去就可以了。

重新规划之后，不管是大厅还是儿童房，辰辰都有了非常宽敞的空间尽情发挥。他在家的时候，经常都是这种玩具铺满地的场景。

▼　玩具铺满大厅

▼　辰辰在大厅开展"汽车障碍赛"

▼　辰辰建造房子

◀ 辰辰开"农场和超市"

◀ 辰辰搭建"城市道路"

所有的玩具只用了透明抽屉 + 带轮收纳箱这两种收纳工具，简单统一，又非常灵活。辰辰可以很清楚地知道他所有玩具的位置。拿出来玩的时候是容易的，放回去也是容易的。

在高度上，这些 600 ~ 700mm 高的小柜子、小抽屉都在他的水平视线内，他都能够轻松看到、拿到，既安全，又有掌控感。

那高处的空间不就浪费了吗？可那又怎样呢，现在的空间完全够用呀。5 岁的小孩就应该生活在 5 岁的房子里啊，等以后长大了再重新规划就好啦。

儿童房　▶

第 **2** 章

规划篇
规划方便实用的收纳空间

在规划某一个房间或者某一个区域的时候，我总是会不自觉地去拆解，将一个房间拆解成几块空间，将一个区域拆解成几个元素。

可能跟我之前学化学专业有关吧，在化学中，不管多么复杂的物质，本质上都是由不同的分子和原子组成的。

相同的元素做一些不同的排列组合，就会变成不同的物质。而两种不同的物质经过一定的化学作用，又会产生奇妙的变化。

这样一看，还真的跟空间规划整理有异曲同工之妙呢。

所以，作为一名规划整理师，我为什么有勇气设计装修自己的家，又为什么能够自己设计自己的家呢？

三个点：人、物品、空间

人：最了解自己真实需求的人，永远都是你自己。认真审视自己和家人的需求和生活习惯，从人出发、以人为本的规划才可能是最好用的。

物品：了解家中的物品，根据物品的类型、数量、大小、使用频率、使用地点等来合理地规划空间。

空间：家庭中空间的规划设计，无外乎是在三大收纳空间元素"挂杆、搁板、抽屉" 的基础上，做一些变更或者组合。了解了基础的东西后，就能以不变应万变。

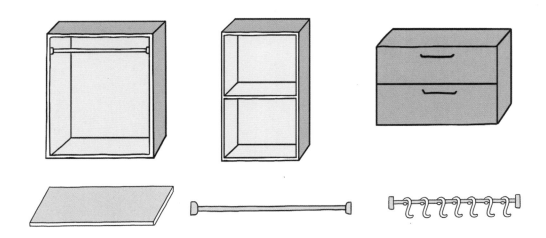

挂杆，可以作为单独的挂杆使用，挂衣服、挂毛巾等，或者配合S钩悬挂各种物品，也可以放在衣柜里挂衣服。

搁板，可以是封闭的柜子，比如橱柜、储物柜、鞋柜等。也可以是开放的层板，比如书柜、装饰柜，也可以是单独的搁板或置物架钉在墙上。

抽屉，分类收纳的好帮手，可以收纳衣服裤子，也可以收纳各种零碎的小杂物。

从"人、物、空"这三个点出发，细致了解人的需求和物品的状况，并配合各个收纳空间元素的特性，方能规划出合理好用的空间。

01 **规划永不复乱的衣橱** ▼

整理中被提到最多的是什么呢，肯定是衣橱啦。拥有一个干净整洁、井井有条的衣橱，是一件多么美好的事情啊！

可事实却往往是这样的：

衣服越来越多，塞得满满当当，

想找的衣服怎么都找不到，

收拾完不出 3 天就又乱了，

尤其是每天早上找不到衣服穿的时候，简直让人抓狂，

乱糟糟的衣橱，既浪费时间，又破坏心情！

根据这几年的整理案例，从空间规划方面来看，大部分衣橱不好用的原因如下：

1. 挂衣服的空间太少，甚至当季的衣服都很难挂得下。

2. 常规衣橱会设计很多搁板，衣服层层叠叠堆放在深深的搁板上，里面的衣服看不见，也不好拿。拿几次就全部乱掉了，压在下面的衣服还容易皱。设计在衣柜最底层的搁板更是增加了拿取衣服的难度。

3. 裤架看起来整齐美观，实际用起来很鸡肋，没有耐心一条条裤子塞进去，而且空间利用率超低，那么大的空间只能挂几条裤子。

4. 抽屉太少，小件衣服没有合适的地方放。

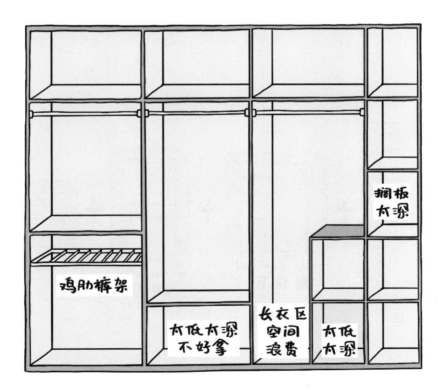

▲　衣橱不好用的原因

规划一个好用的衣橱之前，先了解下衣橱的基本构造，衣橱包括六个部分：柜体、背板、柜门、搁板、挂杆、抽屉。这六个部分里面用于收纳的就是三大基础收纳元素：搁板、挂杆、抽屉。衣橱是不是好用，关键就在于这三个元素的组合排列是否合理。

　　挂衣区：适合挂衣服，包含长衣区和短衣区。

　　抽屉区：适合叠放 T 恤、毛衣、针织衫、内衣、袜子、围巾等一些不适宜挂、体积较小的物品。

　　搁板区：适合收纳帽子、包包、床品、被子等体积较大的物品，以及存放换季的物品。

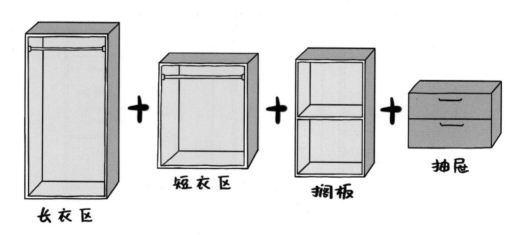

▲　衣橱的基础收纳区域

这些元素就像是不同尺寸、不同大小的积木，我们要做的就是选用合适尺寸的积木拼成自己需要的格局。就跟小朋友用积木搭房子一样，我称之为"积木规划法"。

　　将家中所有衣服列一份清单，统计各种类型衣服的长短、数量，确定是挂还是叠。定义出长短衣区的高度、大小，抽屉的数量和高度，搁板的数量，或者确定出这三者之间的相对比例。

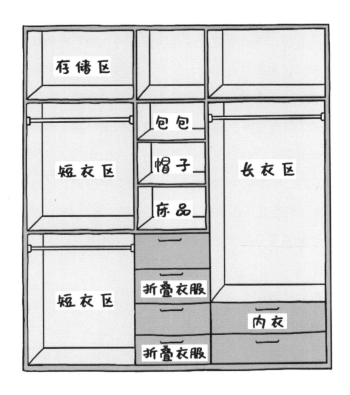

▲　好用的衣橱格局

一般衣橱的高度是 2400mm，最上层可以留出 500mm 高的储物空间，这个高度需要借助凳子或梯子才能拿到，可以使用百纳箱存放被子和过季不常用的衣物。

挂衣区，若是使用薄款的防滑衣架，800mm 的挂杆最多可以挂 40 ~ 60 件夏天的薄衣服，秋冬款衣服比较厚，可以挂 20 ~ 40 件。挂得越多，衣服越拥挤。衣架的厚度也会影响挂衣服的数量。

抽屉区，内衣袜子类用比较矮的抽屉（高度 100mm 左右）就可以了，衣服类则会高一些，一般在 200mm 左右，这个高度床品直立折叠后也可以放进去。具体根据收纳物品的高度来确定抽屉的高度。

帽子、包包、毛毯、薄被要直接放在搁板上的，规划在搁板区。

最后再根据自家衣橱或者衣帽间总的大小，将这三个要素组合进去。

还有一个要考虑的因素就是换季收纳还是不换季收纳。

衣橱足够大的话，推荐不换季收纳。所有的衣服一目了然，不用再大动干戈地做换季整理，季节交叉的时候也能从容混搭。

若是不能够实现，就要好好规划换季收纳的空间格局，同时考虑冬夏衣服的厚薄、数量、类型。不管是挂还是叠，同样的数量，秋冬衣物占的空间肯定更多。在规划格局时，可以多参考冬季衣物的状态，综合考虑。

用我家的衣橱来举例：

衣橱的宽度是 2000mm，高度是 2400mm。卧室空间还比较大，所以做成对开门，两个双门柜加一个单门柜。

我的衣服有一半是长款，夏天是长裙，冬天是羽绒服、大衣及连衣裙。先生几乎都是短款衣物。那么，衣柜的格局就设计出来了。

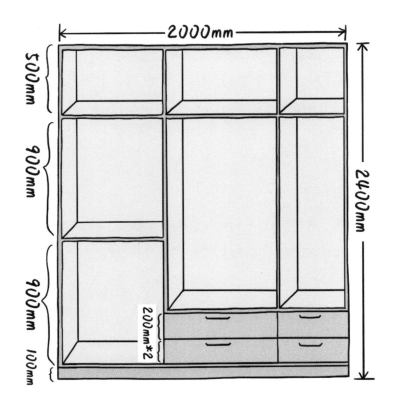

长衣区高 1400mm 左右，短衣区高 900mm 左右，长衣区下方做 2 层抽屉，高度在 200mm 左右，分类收纳折叠衣服、内衣、袜子、床品等（踢脚线的高度和层板的厚度也要计算进去）。

单门柜也做成长衣区，考虑到秋冬的大衣、羽绒服都是长款比较多，所以做了这样的设计。

没有裤架，裤子直接用衣架挂起来，同样的空间可以多挂十几条。

我的包包不多，都放在走廊储物柜，床品放在抽屉里，所以没有设计搁板。

这样的格局，甚至都不用搭配太多的收纳工具辅助。有时候之所以需要购买很多的抽屉、搁板等，根本上都是因为收纳空间本身设计得不合理。

我所有的衣服一共不到100件，可以全部挂出来，抽屉里使用分隔盒来分类收纳小件，顶层则用百纳箱放被子。

这就是我的衣橱了。

小Tips：

1. 选择柜门。衣橱的进深一般在500～600mm，空间允许的话，可以选择对开门，若是床和衣柜之间的距离太短，就选择移门吧。也可以选择用帘子或者折叠门。

2. 长短衣区的高度根据自己衣服的长度来设计。一般来说，160cm的女生，短衣区在800～900mm，长衣区的高度是1200～1400mm。

3. 先做整理。整理的过程是了解自己喜好的过程，通过取舍筛选出自己要留下的物品，给衣服定量。这样才能清楚地知道长款衣服有多少，连衣裙有多少，短款衣服有多少，需要挂的有多少，需要叠的有多少。有多少床品要放置，衣柜里或者衣帽间要不要放鞋子和包包等。

比如，需要折叠收纳的毛衣和羊毛衫偏多，可能要多准备一些抽屉。比如只有两三件长款衣服，那么长衣区就不用留那么多。只有掌握了这些并灵活应用，才能规划出最适合自己的衣橱格局。

4. 装修的时候，不管是请人打柜子，还是整体定制。全盘接受别人的方案，很有可能设计出的柜子格局不够实用。这一点很多人一定深有体会，一定要花心思去了解自己的物品和习惯，用基础的收纳空间元素搭配出最适合自己的格局。

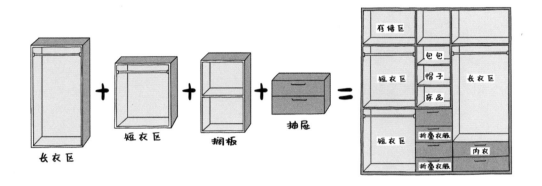

▲　基础元素合理搭配，组合成好用的衣橱

02 规划愿意做饭的厨房 ▼

厨房可以说是整个房屋中最复杂的房间。空间小，物品多，既要发挥功能需求，又要满足储物需求，绝对值得花心思好好规划。

1. 布局

厨房的布局形式一般有以下几种：U 型、L 型、I 型和 II 型。哪种布局的空间利用率最高呢，从图中可以很直观地看出来，是 U 型。

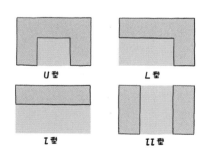

▲　四种常见的厨房布局

L 型相对来说也是比较常见的。有人说，L 型再加个拐角，不就是利用率最高的 U 型了么？

只是很多时候，厨房的布局会受限于厨房的长宽尺寸和开门的位置、窗台的位置、冰箱的大小等，根据实际情况选择最合适的布局就好。

2. 动线

厨房首先是一个功能性的空间，满足一日三餐的需求，所以最重要的是什么呢？好用 + 整洁。

先看一下做饭的步骤，从冰箱或者置物架拿取食材，到水槽区清洗，在切菜区切菜，灶台区烹饪，装盘上菜。动线规划就是要保证这 5 步能够顺畅高效的完成。

▲　合理的厨房动线

食材区：冰箱 + 果蔬架

装修的时候，就要想好选多大的冰箱，把尺寸预留好。一般选择多门冰箱（宽度为 600 ~ 700mm）或者对开门冰箱（宽度为 750 ~ 950mm）。如果尺寸不够放对开门的冰箱，建议选择多门冰箱，储物空间的利用率更高。

大部分人在规划这块的时候，只考虑到冰箱，但实际生活中，还有很多不需要或者不适合放进冰箱的蔬菜、水果（比如根茎类的土豆、红薯，水分比较大的番茄、黄瓜，不耐寒的香蕉、芒果等）。在冰箱旁边放一个开放式的置物架或者透气的抽屉拉篮，专门放这些蔬果就非常方便了。若是空间不允许，也可以放在生活阳台或是其他通风的地方。

用推车或抽屉收纳果蔬　▶

水槽区：单槽或双槽

小户型选择单槽的比较多，其实单槽的尺寸也可以做大，从 400 ～ 700mm 不等。我个人非常喜欢大单槽，洗东西尤其是洗大件的炒锅非常痛快。

若是嫌单槽太大，不好分区，可以加一个配套的盆或者沥水篮，用的时候架在水槽上，一样达到双槽的效果。

双槽更常见些，方便做一些分离，比如洗肉的和洗菜的，有油的或者没油的。但我也见过一些家庭中，小的单槽就直接沦为沥水篮了。

所以单槽还是双槽，根据自己的喜好以及厨房的尺寸来选择就好。给水槽配个抽拉龙头的话会更方便。

下过厨的人，都能切身体会到一个好用的切菜区是多么的让人愿意做饭。

以身高 160cm 为例，切菜的时候，两个手臂打开的宽度为 600 ～ 700mm，所以切菜区留出 800mm 的宽度，就可以宽敞地放砧板、菜刀、菜和碗盘。如果尺寸实在紧张，至少也要留出 0.6m 的长度。

当然还可以放得更长，比如 1000mm、1200mm，但也不要太长了。太长的话，端个菜去到灶台炒，还要多走一两步。有人说，多走一两步有啥问题呢。要知道日常做饭，会来来回回重复无数个一两步，所以最好转个身或者伸伸胳膊就能够到，将动线缩至最短。

灶台区根据所选燃气灶的尺寸预留即可，一般为 700 ～ 800mm。

然后就是装盘盛菜区了，其实放个盘子并不需要多少区域。一般常见的 U 型或者 L 型，灶台都在中间，基本没有这个烦恼。主要是那种灶台在厨房某一端的布局要提前考虑到还需要在灶台边预留一个 200 ～ 300mm 的装盘区。

小家电区

现代家庭的厨房，各种小家电是少不了的，日益方便快捷的生活也得益于各种小家电的诞生，如电饭煲、电水壶、蒸锅、微波驴、烤箱、豆浆机、破壁机、酸奶机、料理机、榨汁机等。

常用的小家电可以放在台面上，根据家电的尺寸预留好小家电区域的尺寸。还要看厨房的总体大小，综合各个区域的尺寸，留出小家电的区域。若是小家电区域非常有限，那就留下最常用的那一个。其他的能上墙的上墙，或者专门添个置物架来辅助收纳，或是放在橱柜里，需要用的时候再拿出来。

每一个区域的尺寸都是需要结合整体规划的。留哪个部分，舍哪个部分。有限的台面留给谁用，其他的物品又怎么安置，处处都是选择。

3. 收纳

厨房的收纳空间有很明显的分区，即台面、地柜、吊柜上中下三部分。

台面区域

我们可能从来没有意识到台面也是一个收纳空间，却都很有默契地在台面上堆了很多东西。其实台面才是厨房的重点区域，因为所有的操作都要在台面上完成。

台面收纳有两个原则：一是台面无物，二是常用物品摆出来。

因为厨房的面积本来就很有限，台面上又有水槽和灶台两大硬件各占了半壁江山，剩余的操作台面就更有限了。所以，如果不是每餐都要用的东西，请不要占据这黄金地段。

一个一日三餐都要做饭的普通家庭，常用的东西大致有哪些呢？

菜刀 砧板 刀架 勺子 铲子 碗筷 削皮刀 锅盖

油盐酱醋等调味品

小家电 微波炉 电饭煲 电水壶 豆浆机

炒锅 蒸锅 炖锅

抹布 洗碗海绵 沥水盆 洗菜盆

竟然这么多呀，那台面不是要铺满了吗？绝对不行！

小家电台面区，根据空间的大小放置几个最常用的小型家用电器。一般是电饭煲和电水壶，或者豆浆机之类的，看自己家的实际需求。

常用的各种调味料，全部摆在台面上很占空间，可以使用调料架、置物架上墙收纳。

抹布、洗碗海绵、洗碗刷、沥水盆、洗菜盆等，可以用挂钩挂起来。

勺子、锅铲、筷子笼、削皮刀、剪刀、菜刀、砧板等，也可以借助挂杆、挂架、刀架等挂上墙，不占台面空间。

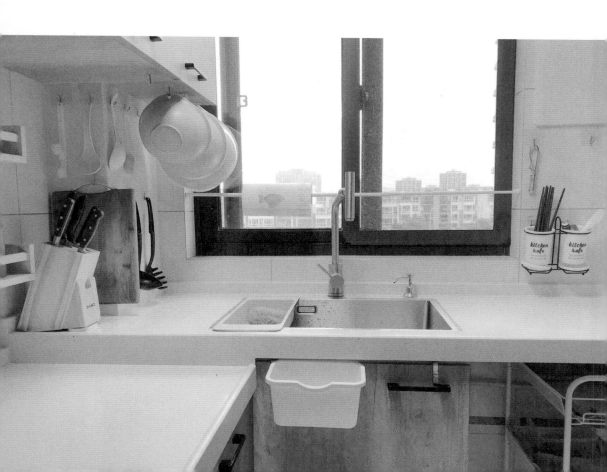

若是不喜欢物品外露，就收到柜子里，尽量做到台面无物。台面无物并非是指台面上没有任何东西，这只是一个大方向。台面上的东西越少，做饭时的可操作空间就越大，清洁也越方便，视觉感受也更清爽。

地柜区域

相对吊柜来讲，地柜里的东西更容易拿到，高频使用以及比较重的物品可以规划在地柜里，如锅具、碗盘、米、面、油以及一些调味品的储备等都可以放在地柜里。

还有一些常用的但不用收纳在台面上的，如保鲜膜、保鲜袋、一次性手套、密封夹等，备用的筷子、勺子、叉子等也可以收在地柜的抽屉里。

其实大部分家庭也是这么做的，那为什么厨房看起来还是很杂乱呢？还是那个原因，内部格局没有规划好。

大部分的地柜都是以柜子为主，里面分为两层或者三层搁板。柜子收纳大件物品是很好用的，但是像厨房这种物品又多又杂的地方，只有柜子的话明显不实用。拿最下面的东西得蹲下，后排物品难拿，而且不能一眼看到里面有什么东西。时间一长，柜子深处的东西就容易被遗忘。

地柜的空间可以分为两个部分，水槽下柜区和其他柜区。

为什么把水槽单拎出来呢，因为靠近水管，潮气比较重，通常这里还会安装净水器、小厨宝、厨余处理器等。剩余的空间就更小了。

这个区域就直接做柜子了，通常就是一个大通柜。若是水槽下还有多余空间的话，就可以借助层架或者收纳盒，用来放洗菜盆、沥水篮、清洁剂之类不怕潮湿的物品。借助水槽下专用的层架可以避开水管，更高效地利用空间。

若是灶台下面或者其他区域下面有煤气表之类的东西，不方便做分隔的，也可以使用层架，提高空间利用率。

其他柜区则根据物品的种类和数量来设计是抽屉还是柜子。体积大的用柜子更合适，体积小的用抽屉更合适。

从人体工学的角度来讲，抽屉显然更人性化一些。抽屉直接拉开，一眼能看到所有的东西，只要低头就可以拿到了，即便是最下层的抽屉，也是弯下腰就能拿到东西的。

适合放在抽屉里的物品：

备用的筷子、勺子、叉子、保鲜膜、保鲜袋、一次性手套、密封夹、零碎小物件等。

碗盘，借助碗盘拉篮，直立收纳，一目了然，拿取方便。

迷你家电、小煎锅等小型的、尺寸合适的物品也可以放在抽屉里。

盐、糖、香辛料等备用调味品。

各种南北干货。

这些东西也不是说一股脑儿地全部塞到抽屉里，那样一样很乱。如果物品很琐碎，最好搭配收纳盒或者细分隔件来分类收纳，这样抽屉才会更加井井有条。

比如切菜区地柜，相对来说比较干燥。可以做成高度不等的几层抽屉。最上边一层放保鲜膜、保鲜袋等物品。若习惯将碗筷勺收起来，也可以放在这个区域的抽屉里。

灶台区下方一般会做两层拉篮，上层放碗盘，下层放锅。上层碗盘架比较常见了，就不多说了。下层可以放垂直锅架，将锅一个个插进去，只要抽屉的高度够高，炒锅也是可以放进去的。

搁板柜适宜收纳大件锅，以及米面油等。可以借助各种收纳工具，比如带把手的收纳盒、层架、滑轮储物盒、密封盒等，让地柜空间更好用。

还有那些台面上放不下的、使用频率没那么高的小家电，也可以收纳在柜子的搁板上。这里注意搁板最好做成高度可调的样式，方便根据自己物品的大小调整层高，以便最大化利用空间。

已经装修好的柜子也别怕，可以根据需要增加层板，或者使用伸缩层板、分层架等实现分层隔断，增加收纳空间。

吊柜区域

因为吊柜高嘛，尽可能放一些比较轻的东西，比如杯子、干货、不经常用的食品等。

吊柜一般分两层，最底层高度为 1500 ～ 1600mm，跟一般女性的身高差不多。

吊柜下层一抬手就能拿到，可以放一些常用的东西，比如杯子、常吃的各种杂粮、干货或锅具等。上层可能需要踩个凳子才能够到，就存放一些囤货的东西。

比如可能会一次性买几卷厨房用纸，下面留一卷在用的，其他的放在吊柜上层。

吊柜上层不方便拿取的地方，可以搭配带把手的收纳盒，将每一类物品放在一个收纳盒里，需要用的时候直接拿着把手拿出来，也很方便。

吊柜下层也可以用上翻门，这里注意下自己的身高，是否一伸手就能够到，此外选好五金件。

吊柜处也可以做升降拉篮，两层拉篮可以拉下来使用，也比较方便。跟上翻门一样，一定要质量够好。凡是涉及五金件的地方，一定注意一分价钱一分货。

厨房空间规划重点总结：

台面区域：放常用的东西，上墙收纳。可选工具有挂杆、挂钩、置物架。

地柜区域：放置比较重的物品，利用抽屉及收纳盒合理分配空间。可选工具有搁板柜、抽屉、收纳盒。

吊柜区域：使用统一的收纳盒收纳，更整齐也更好用，或者利用升降拉篮。可选工具有搁板、收纳盒。

厨房格局的规划拆分之后，其实也是基础收纳元素的组合。根据厨房的布局和尺寸，再结合自己的需求，你也可以拥有一个愿意天天做饭的厨房。

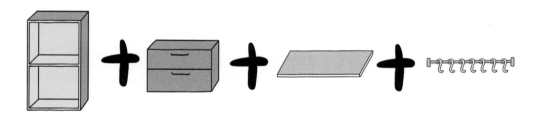

▲　厨房空间规划元素

03 规划舒适的卫生间 ▼

卫生间跟厨房类似，占据着很小的空间，却承担着很多的功能，洗漱、如厕、洗浴、洗衣等，而且这也是一个跟水有关的空间。但凡跟水沾边，规划起来总是会复杂一些。

卫生间主要由四个大块构成，即洗漱台、马桶、淋浴房（浴缸）、洗衣机。规划卫生间的过程就是把这四大块做一个合适的搭配组合。如果洗衣区在阳台的话，卫生间就只剩下三大块了。

具体的格局设计跟卫生间的尺寸、方向、窗户等都有很大关系，要结合自己的实际需求去规划。这里单纯地从储物的角度来分析卫生间的收纳规划。

淋浴房

淋浴房比较简单，一般买花洒的时候就会附赠挂架，钉在墙上就好了，挂架放各种洗浴用品。

可以先统计下自己都会放哪些东西，一般两层挂架就够用了。不锈钢或铝材质的都可以，比较漂亮也不易生锈。

借助墙壁本身的凹槽做个壁龛，用来放洗浴用品，这里注意壁龛的底部可以稍微有点斜度，让水容易流出来，不存水垢。

▲　壁龛收纳洗浴用品

马桶、洗衣机

这块区域的储物就是利用马桶或者洗衣机上方的空间了，一般有三种方案。

毛巾架：用来挂各种毛巾。

小橱柜：可以放的物品就多了，比如干毛巾、换洗衣物、卷纸、卫生巾等。

搁板：开放式的搁板架也可以发挥类似橱柜一样的功能，或者放盆绿植也挺好。

这里必须要提一下马桶旁卷纸架的位置，好多都放在马桶背后的墙上。用过的人都知道有多痛苦，太违反人体工学了。

卷纸架的位置应该在马桶侧面，跟马桶的最前方齐平，这里才是最顺手的。

▲　卷纸架

洗漱台

洗漱台的储物空间可以分为上、中、下三个部分。

洗漱台区域会收纳哪些物品呢？化妆品、护肤品、洗漱用品、小电器等。

上部收纳区

推荐镜柜。根据洗漱台空间的大小，选择不同的镜柜设计，目的就是让一部分物品上墙，收纳在镜柜里。比如护肤品、化妆品都可以放在镜柜里。

镜柜的进深是很窄的，一般为 130 ~ 150mm，这个深度足够放下一般的化妆品、护肤品了。

◀　镜柜＋洗漱台

镜柜内部的格局可以根据收纳物品的高度来设计，一般可以分成不等高的2 ~ 4格。粉底、腮红、气垫等都是很矮的，像洗面奶、卸妆乳、精华之类的，可以量下高度，留出合适的层高。若是要把电动牙刷也放进镜柜，所需的高度就更高了。

就跟衣柜、储物柜一样，想设计出一个完全符合自己需求的量身定制的镜柜，是需要花很多心思提前规划的。

若是成品镜柜，可能不能完全满足每个人的个性化需求，但基本可以满足大部分的收纳需求。对于不能满足的那部分，还可以在其他区域弥补。

比如我家的镜柜就放不进电动牙刷，我就把它放在台面的架子上。后来又把它收纳在镜柜的内侧，总有可以解决的办法。

中部收纳区

就是洗漱台的台面，可以放肥皂、牙刷、牙膏等。

更推荐在水龙头旁边做一块搁板，将牙膏、牙刷等放在搁板上，也是上墙的，台面上最好是空无一物。

我个人更喜欢这样平整的台面。一是看上去美观，二是容易清洁。

像那种有很多造型或者突起的台面，会多很多拐角，很容易藏污纳垢，清洁起来也更费力。有时你想在台面上放点东西也不能最大限度地利用台面空间。

下部收纳区

就是柜体部分。柜体的选择就很多样了，但无非就是抽屉和柜子的各式组合。

如果是零碎小物品，面膜、吹风机、美容仪等，肯定是抽屉更好用。

若是放大件物品，比如大桶的洗衣液、备用的洗发水等，可以用柜子。或者敞开式的柜体，配合收纳盒、塑料抽屉等辅助收纳，也很不错。

柜体 ▶

墙面空间

卫生间还有一个隐藏的收纳空间，就是墙壁。比如拖鞋架、毛巾杆、置物架、脸盆架、粘钩等，其实都是在利用墙面空间。妥善地利用各种收纳工具，卫生间各种湿哒哒的物品都是可以上墙的，既不占地方，又通风干燥，烦人的水垢也就不会产生了。

墙壁收纳 - 拖鞋架 ▶

卫生间规划总结：

卫生间四大块：洗漱台、马桶、淋浴房（浴缸）、洗衣机

淋浴房：毛巾杆、挂架

马桶、洗衣机：毛巾架、橱柜、搁板

洗漱台：

上部空间：镜柜＋搁板，收纳常用的物品（牙具、护肤品、化妆品）

中部空间：选择平整台面，物品上墙收纳，尽量台面无物

下部空间：抽屉＋柜子，收纳不常用的物品（小电器等）

墙面：借助各种收纳工具上墙

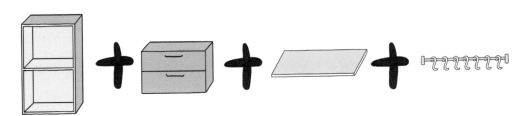

▲ 卫生间空间规划元素

04 规划井井有条的储物柜 ▼

　　这张图可以代表一部分常见的储物间或储物柜的设计，由很多的小搁板组成，把一个大空间平均分成多个小空间。装好之后发现行李箱放不进去，大点的储物箱放不进去，只能堆在外面。零碎的小物件种类繁多，全部堆在一起，找的时候又找不到。所以不是没有空间可以放东西，而是没有合理地规划空间。

　　规划一个方便实用的储物柜可以参照以下几点：

　　1. 放什么？想一想自己的储物柜是用来放哪些东西的，这些东西要怎么放才能容易找到。

　　推荐列清单。不过请做好准备，杂物清单必定是烦琐又辛苦的，但能够拥有一个清楚明了的储物柜，而且是难得的机会帮助我们清楚地了解自己的物品，还是很值得的。

储物间分成多个小
隔间，大物品放不进，小
物品不好找

2. 小件物品。家庭中各种零零碎碎的小物品真的非常多，文具、工具、针线、电线、零钱等，这些小物件最好是用抽屉收纳。

3. 大件物品。行李箱基本上家家都有，有的家里甚至有好几个；吸尘器也算是家家必备了吧；电风扇只有夏天会用到；此外还有换季的被子、婴儿车、健身器材、凉席、爬行垫等。

像这些东西，平时不用的时候，会发现没有合适的地方可以放它们。我在家庭整理指导中也发现，大家在装修或者设计储物空间时，都没有考虑到自己家的这些大型物品，也可以说根本就没有这个意识，所以压根就没有预留这样的空间。

所有大件物品列出来，确认尺寸，并预留相对应的储物格。

4. 长远规划。三到五年内可能会添置哪些大件物品，这些物品分别需要怎样的空间，是季节性的，还是偶尔用的，也预留出对应的空间来。

5. 储物柜的收纳元素就是抽屉＋搁板。想要日后使用更方便的话，可以做成活动层板，方便根据物品的不同尺寸调整层板的高度，最大化地利用空间。

我家的储物柜是抽屉＋大小不同的搁板空间＋活动层板的组合，在设计的时候，每个空间、每个抽屉里放什么，我大致都是有数的。尤其是我做了10个抽屉，内部搭配分隔盒用来收纳各种零碎小物件真的是非常方便。

很多朋友包括装修师傅看到我这10组抽屉的设计时，纷纷质疑做这么多抽屉干什么，常规的柜子全是搁板呀。入住之后，这些质疑都变成了惊艳：太有先见之明了！这么多抽屉收纳杂物也太实用了！其实并没有什么先见之明，只不过是用规划的思维方式设计了一个符合我自己需求的储物柜罢了。

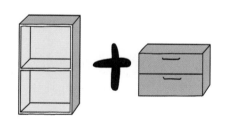

▲　储物柜空间规划元素

05 规划方便出门的玄关 ▼

　　功能齐全的玄关是什么样呢？这样的玄关最好能包括鞋柜、衣帽架、穿衣镜，有放包的台面，有鞋凳，方便坐下换鞋，还需要一两个小抽屉，可以放雨伞等琐碎的物品。

　　一般女鞋的最大长度是 250mm，男鞋是 320mm 左右，所以鞋柜的深度一般为 280 ～ 350mm。这个可以结合自己家人脚的大小来选择。

　　内部格局就是最简单的一层一层的搁板，把鞋子一双双平放进去就是最方便的收纳方式。

　　层板高度呢？一般男鞋都比较矮，100 ～ 150mm 左右，若是靴子会更高一些。女鞋花样就多了，平跟、中跟、高跟，裸靴、短靴、长靴。这种情况可以选择有排钻孔的柜子，侧板上每隔 50 ～ 100mm 打一个孔，这样层板就可以根据鞋子的高度任意上下调整，达到最佳使用间距，同时也能高效利用空间。

柜子的总体高度及宽度根据自己鞋子的量来决定。通常按一家三口来计算，平底鞋、高跟鞋、运动鞋、皮鞋、拖鞋、跑步鞋等，一家人全部的鞋子加起来基本都会超过 40 双，更不要说鞋子控们了。

鞋子的收纳其实很简单，大部分人之所以有鞋子的收纳问题，很大一部分原因是鞋子的数量跟鞋柜的空间不匹配。根据自己鞋子的状况规划好合适的空间，鞋子的收纳问题自然就解决了。

在上门整理指导的时候，我还发现一个问题。有些人家中的鞋柜本身容量是足够大的，打开来里面还有空余，但地上却仍然散乱着一堆鞋。这又是为什么呢？这些摊在地上的鞋，其实都是常穿的鞋，包括一段时间内常穿的鞋以及家用拖鞋。回到家换好鞋之后，觉得鞋子脏，又想散散味道，就直接放在外面了。

再不然就是觉着麻烦。想一下，到家之后，打开柜门，拿出拖鞋，换鞋，把外穿鞋放进鞋柜，关上柜门，至少 5 个动作，确实还挺麻烦的。

有时候，相对于物品的整洁度，人们更在乎生活的便利性。基于这个宗旨，可以将鞋柜下面两三层做成开放式，作为常穿鞋子存放的区域。这样的设计，拿取鞋子非常方便，也能够让鞋子散味。换鞋的时候甚至都不需要弯腰，脚一踢一穿就可以了。

若是空间太窄，不能平放鞋子，可以用翻斗形的鞋柜，这种一般都做的比较薄，可以把鞋子斜着放进去。

若是鞋柜内部的尺寸是固定的，在前期规划的时候就需要把工作做得更细。统计自己鞋子的类型和数量，量出每种类型鞋子的高度，再根据这些数据设计内部层板的格局。我家鞋柜做在阳台洗衣机上方，因为有根水管在背后，内部不是个规则的方形，所以做了固定的层板，层板的高度就是我根据鞋子的高度和数量量身定制的。

　　如果玄关区域比较小，比如 100mm 左右的宽度，可以参考这种迷你型的多功能玄关（如图），基本包括了日常所需的所有功能：穿衣镜（装在柜门上）、鞋柜、鞋凳、衣帽架、包包挂钩、小抽屉、开放鞋位，占地面积较小，是比较实用的一种设计。

　　如果空间充足，物品量也比较多的话，按照这个模式翻倍即可。

多功能迷你玄关　▶

玄关空间规划总结：

玄关：鞋柜、换鞋凳、开放鞋位、衣帽架、放包区、抽屉杂物区（也可用收纳盒替代）

根据自己家的实际情况，选择合适大小的模块，组装成一个自己最方便实用的玄关。

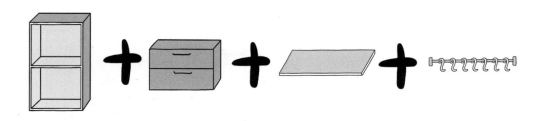

▲　玄关空间规划元素

06 规划爱上读书的书柜 ▼

书柜的规划相对简单些，确定好书柜的位置，在大厅、书房，还是卧室，根据自己的需求来。

书柜的进深一般在 280mm 左右，高度自己定。书柜也是最基础的层板设计就好，也可以预留一些高度可调的层板，方便根据书的尺寸来调整高度。

书柜规划的重点是空间容量匹配书的数量。我有个朋友就用了一整间房来专门放自己的书，也有朋友把自己的书精简到 50 本以内，一个小书架完全够用了。

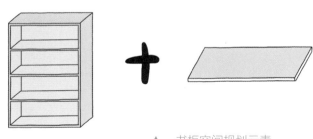

▲　书柜空间规划元素

你有多少本书呢？你的读书习惯是怎样的？你有囤书的爱好吗？你舍得处理掉不读的书吗？弄清楚这些问题，书柜的空间规划就显而易见了。

07 规划属于孩子的儿童房 ▼

儿童房的空间规划要注意三个点：空、纯、现

1. 空

空间要大，要宽敞、空旷。满足孩子喜欢跑来跑去的需求。现在的家庭条件，孩子们可以自由玩耍的空间已经越来越少了，那么在自己家里，请尽可能地给他们这份奔跑的自由。

家具要少，只配备必备的家具。一个儿童房的必备是什么：床、衣柜、书架、玩具柜，另外还有一张小桌子，方便孩子玩玩具。

所有家具的高度要低，要符合孩子的身高，比如 6 岁以下的小朋友，家具的高度一般不超过 1m，方便小朋友自己拿取。若是独自睡觉的话，床也低矮一些，比如高度为 300mm 左右，方便孩子爬上爬下，掉下床也不会摔痛。一岁半之后，

对于够不着的东西，小朋友就会踩着凳子去拿，如果柜子高度过高，会增加危险系数。

2. 纯

儿童房的家具颜色尽量纯净一些、单一一些，可以使用柔和的大地色系、马卡龙色系，也可以使用渐变色，这种色系比较柔和，不会对小朋友产生太多的视觉刺激。如果家具的颜色过于花哨，也是一种视觉干扰。

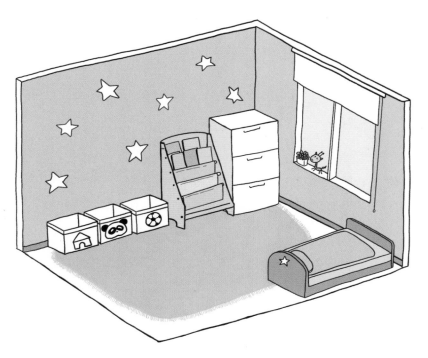

▲　儿童房布局

3. 现

所有的物品尽量显现出来。小朋友的信息处理能力毕竟有限，他们更倾向于视觉能看到的直观的东西。

年龄越是小，物品显现的比例越要大。比如书架，使用陈列式开放架，书的封面朝前，一眼看过去就知道是什么书，可以让孩子快速选择自己喜欢的书。玩具柜使用浅的收纳盒，或直接陈列在架子上。

孩子再大一些，可以换成透明的抽屉柜、层板柜。对孩子来说，想让他愿意做，先要让他容易做。

开放式陈列架还有一个好处，就是容量有限。无论是书架还是玩具架，一个个陈列展示出来，能放的东西是很有限的。小朋友的大脑没有发育完全，它的接纳量、处理量以及注意力都是很有限的。开放式的架子更有助于孩子集中注意力，更有效地去做选择。

我也是有了孩子之后，才了解到这些。辰辰一岁多的时候，就开始表达自己：我的，我的。再后来就变成，这是我的车车，这是我的球球。到现在经常挂在嘴边的就是：我也有自己的想法，我就是想这样做。自我意识越来越强，就越需要给他独立的空间。同时你给他的，也是自主选择的权利。所以，如果没有儿童房，请一定要划出一个儿童区，给孩子一个独立的区域。

同时我还发现辰辰要自己选鞋子，选衣服，选自己想要玩的玩具了。当时我真的很惊叹，小朋友并非什么都不懂，他们比大人干脆多了，明确地知道自己想要什么，不想要什么。

　　我想，应该是因为他们有一颗纯粹的心，不像我们，想要关注太多事，想要拥有太多东西，结果反而变成了前行的阻碍。

　　有句话说得好：孩子是最好的老师！养育孩子，修炼自己。

▲　儿童房空间规划元素

第 3 章

整理篇
一次整理完再也不会乱的魔法

01 集中：你有多少件物品？ ▼

你知道自己有多少件物品吗？

不知道，完全没有概念。

你知道自己有多少件衣服吗？

可能一两百件？我衣服还挺多的。

这是在整理的过程中常见的回答。绝大部分人其实不是很清楚自己到底拥有哪些物品。

所以，整理的第一步，不是扔东西，不是买收纳工具。而是，集中，集中所有的物品。

如果整理衣服，请将你所有的衣服都拿出来。注意是所有的衣服，包括换季的衣服，不想穿但仍然留着的衣服，全部都拿出来。包括你储备的库存，包括那些藏起来根本就很少用的物品，全部都拿出来。

这时，你会惊叹：我竟然有这么多衣服！是的，每个女人都觉得自己少一件衣服，但事实是，她们都拥有一座"衣服山"。

▲　每个女人都拥有一座衣服山

为什么要集中所有的物品？

第一，真实地了解自己到底拥有多少物品，有一个全局的概念。人们总是低估自己所拥有的东西。

第二，把藏在角落里的物品都拿出来，把那些几乎都已经忘记的物品清理出来，一次性集中整理掉。

第三，所有的物品都是你自己选择的，满地的物品投射的其实是过去的你。借整理的机会好好审视自己。

02 分类：这件事情很重要 ▼

所有的物品都拿出来了，面对这一大堆东西该如何下手呢？

整理的第二步，分类。

这张物品分类图其实就是一个家的物品组织架构图。各大核心部门牢牢围绕着主人，发挥自己的功能。每个部门下面又有自己的各个小分队。我们每个人其实就是在管理着这么一个庞大的物品组织。

给所有物品做分类，

1. 可以把堆成山的物品细化缩小，从一个大堆变成多个小堆，降低整理的难度，增强整理的信心。同时方便后续的取舍和收纳从每一小类下手。

2. 为了集中同类物品，更详细地了解物品的类别和相对应的数量。当你拿起 1 件衬衫、5 双袜子的时候，可能没什么感觉。但集中分类之后，你发现自己竟然有 100 多件衬衫、500 多双袜子，是不是真的很震惊呢？

3．物品的类别和数量能够从客观上反映出自己真实的喜好和倾向，是看见自己的一个过程。

学会有效地分类，是整理过程中很重要的事。初步整理时若是觉得分类困难，可以不用分得太细，根据自己的实际情况来，8 ~ 10类可以，3 ~ 5类也行。

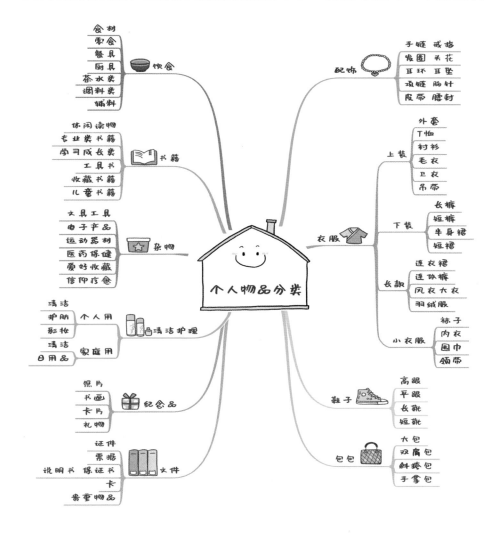

03 取舍：控制入口，畅通出口 ▼

整理的第三步，取舍、筛选，对分好类的物品一一选择。

家就像是一个温暖的容器，无私地承载着我们的所有。一个健康的、生机勃勃的容器，必定是流动的，就像水一样，有进有出才是活水。

日常生活中，我们更多的是往家里带很多东西，带出去的只有每天一两个小小的垃圾袋。容器是有固定容量的。当物品数量越来越多，逐渐超出掌控的时候，人就会烦躁，开始觉得东西太多、空间太小、环境太乱，从而影响了自己的生活和心情。

家，开始失控了。

▲ 东西越来越多，家开始失控了

1. 取舍的三个基本原则：控制入口，畅通出口，保持适量。

控制入口

控制入口，也就是少买，让容器的进与出平衡起来。

入口很简单，基本就是买买买。看这张图，女人买衣服的思路是不是很好玩？我们女人就是这种心理，我们想要变化，我们喜欢多姿多彩，有的人甚至希望一年365天，天天都穿不同的衣服。这是我们与生俱来的，是我们内心对于丰富多彩的生活的渴望，这不是坏事。坏事的是什么呢？是买无止境，买无目标，买无依据。

▲ 买买买的思路

很多人在买东西的时候都没有认真地想过为什么买。可能只是因为内心的焦虑，用买买买来填补；可能是因为心情不好，通过买买买来发泄，冲动购物；可能是因为贪便宜，凑单，买了一堆没用的东西，也可能是因为不了解自己，不知道自己到底喜欢什么，适合什么，乱买一通。

所以，一定要好好地想清楚自己内心真正的缘由，才能找到根本的解决办法。

▲ 控制入口，减少购买

案例1：

客户黄女士，有很多衣服，因为平时太喜欢买了。不管网上还是实体店，看到觉得喜欢的就会买下来，整个主卧的衣橱都被她占领了，先生的衣服只能挪到书房。

我问她："为什么觉得自己需要这么多衣服呢？"黄女士说："我喜欢的风格非常多样化，各种衣服都要买，自然就多了。"

所有的衣服筛选完之后，我请黄女士看了下整理完的衣橱，她惊呆了。她自己选择留下的衣服，并没有很多种风格，反而很基础，以黑白色系为主，偶尔有一抹亮色。她所认为的那些各种风格的衣服全都被她舍掉了。

在取舍的过程中，每一件物品拿在手上，跟我们有最亲密的接触，内心自然会做出最真实的反应。留下的和舍掉的物品，帮助我们去觉察自己真实的价值观和思考方式。不断地觉察，不断地反省，会让我们对自己有更深刻的了解和认知，在以后的工作和生活中，也更有自主选择性，更明白自己到底想要什么。

案例2：

客户张女士说，她最头疼的问题是自己总是不停地买很多新衣服，衣服越来越多，衣橱完全失控了。

当张女士所有的衣服全部摊出来时，我发现有一半的衣服还带着吊牌，说明根本就没有穿过嘛。甚至有些衣服只是打开来看了一下，就带着快递袋一起丢进衣柜。

接下来又发现，有的新衣服竟然有好几件同款，可能就是颜色和尺寸不太一样。这是怎么回事呢？张女士说，这是自己买了觉着好看，就再多买几件给自己的妹妹们。

在决定一件衬衫去留的时候，张女士非常纠结，忽然聊起了她小时候。张女士是典型的学霸，学习成绩一直都非常好，但小时候家里条件不是很好，基本都是捡阿姨姐姐们的衣服穿。她其实特别希望自己能穿新衣服。有一次在街上看中一件衬衫，特别喜欢，很想让父母买给她。但小姑娘又很懂事，知道体谅家里，纠结很久还是没跟父母提。

有一天，她无意中听到有男生议论她，"我们班那个学习最好的女生，整天穿得好土哦"。十几岁的女孩，正是爱美的年纪，也是开始在乎异性评价的年纪，可想而知这句话对她的打击有多大。就这么一句话，她记了很多年。

张女士说，小时候她特别希望能有人主动买新衣服给她穿，但是没有。现在自己有能力了，看到好看的衣服，就会买上好几件给自己的妹妹们穿。

听完这些我就明白了，表面上停不下来的买买买，真正的缘由是少年时候衣服的缺失，再加上异性的评价，在她的内心留下了一道难以解开的枷锁。虽然现在已经成家立业，生活条件也很好，但是自己的内心还是停留在那个十几岁的小女孩那里，渴望新衣服，渴望安全感和爱。小时候没有得到满足，反而因此受到了伤害。成年之后，条件允许了，于是成年的自己不断地买给少年的自己，这是给自己的心理补偿。

而买给别人，则是将自己受伤的这种心理投射到比自己弱小的人身上，自己没有得到的，深深在意的，就认为妹妹们同样也很在意，希望用自己的能力去保护她们，让别人不必再承受这样的痛苦。

其实，有些人可能潜意识里是知道原因的，却不愿意去面对，因为直面自己真的很难。而通过整理这个媒介，通过直面自己的物品，则可以客观地看待自己。只有认清了内在的真实原因，知道问题在哪里，才能溯本求源。

所以，当你开始犹豫，开始纠结时，请多问自己几个为什么，一层一层去发掘内在的原因。也许很快你就会清楚你不能停止买的真实缘由。

畅通出口

畅通出口，就是扔掉、舍弃那些无用之物。

在舍弃的时候，最常见的问题便是这三个了：

东西还能用啊

扔掉好浪费啊

总有一天会用的啊

东西还能用啊？

很多人都会说：这东西还是有用的。是的，所有的物品生产出来都是被人类使用的。但关键是什么？是人。问自己：你，需不需要它？你，会不会用它？只有你使用它，这个物品对你来说才是有用的、需要的，不然就是无用之物。

扔掉好浪费啊？

很多人又说了，其实我也知道对我来说没什么用了，但它还好好的呢，扔掉真的很浪费啊。

到底什么是浪费呢？对物品来说，你使用它，它才体现了自己的价值，你才是真正拥有了它。如果你不用，那只是占有，那才是真正的浪费。还不如让它们流通出去，大自然有自己的法则，东西自会流到需要它的人那里。只有实现物品的价值才是不浪费。

总有一天会用到的啊？

对于长期不用的东西，很多人的回答通常是："我也不太清楚，但总有一天会用到的吧。"

衣服两年没穿了，总一天会穿的。新书一年还没开封，总有一天会读的。那么，总有一天，到底是哪一天呢？

如果有明确的规划，孩子不穿的衣服保留下来，是已经计划好一年后要二胎。朋友送的专业书留下来，因为打算半年后考证。这些都是知道自己总有一天是哪天，是有规划的保留。

所以，如果你对物品的答案仍然是总有一天的话，请好好地思考一下，这个总有一天到底是哪一天。

当你在为物品的流通而纠结时，请想一想这三个问题，相信自然会找到心中的答案。

▲ 畅通出口

保持适量

控制入口，畅通出口，在不断地筛选和选择中，逐渐找到最适合自己的风格，最适合自己的量。

每个人每个家庭适合的量并不一样，多一些少一些都很正常。

▲ 每个人都有自己的适量

一个奉行极简主义的人，可能全年 30 件衣服就够了。而一个经常需要出席各种场合的人，则可能需要 300 件衣服、100 双鞋。

一个热爱烘焙的人，厨房大半的空间收纳的都是各种烘焙工具。平时很少开火的人，可能大半厨房都是空的。

有的人把起居室摆得满满当当，读书在这里，娱乐在这里，运动也在这里，但卧室简单到只放一张床。

适量是物品的适量、空间的适量，但归根到底是人的适量。做整理的过程，就是在不断地理清自己的内心，找到最适合的那个量。同时还要考虑自己和家人的生活需求，并结合对应的收纳空间。在以后的生活中严格遵守原则，控制好家的入口，让出口畅通起来，维持住属于你的适量。

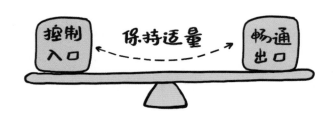

2. 取舍四象限法则

取舍物品的时候，通常可以设置三个区域：需要的、不需要的、待定的。可以训练自己在 5 秒内做出判断。其实大多数物品，只要看一眼就能决定去留，这个过程是非常迅速的。主要的纠结点在于那些一时之间不能决定要还是不要的物品上。如果 5 秒内不能决定一件物品的去留，不要纠缠，果断地放入待定区。

待定区的物品，可以采用更简单直观的取舍四象限法则。

四象限法则是时间管理中的一个重要工具，把其中的紧急性和重要性两个参考维度换成对物品的喜爱程度和使用频率，就变成了取舍物品非常好用的四分法则了。

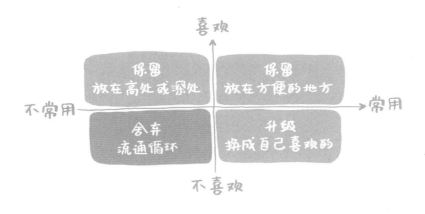

▲ 喜欢 / 常用 四分法

对于待定区非常纠结的物品，只需要去判断是不是喜欢、是不是常用就可以了。

喜欢又常用的物品，自然是留下了，放在最方便拿取的位置。

喜欢但是不常用的物品，可能是季节性的用品，比如滑雪装备，那就放在柜子的高处或者深处，平时也不用专门去整理。也可能是照片之类的纪念品，这类物品就珍藏起来，放在专门的盒子或箱子里。但也要注意，纪念品如果特别多的话，也就失去了纪念的意义了。

常用但不喜欢的物品，多是工具类，比如扫把、拖把、清洁剂、美工刀等，这些东西会经常出现在眼前，可以逐渐地把它们升级成自己喜欢的物品。

不喜欢也不常用的物品，那就很明显，可以舍弃掉了。选择合适的方式，让物品流通出去，继续循环。

整理的时候，可以在地上或者床上或者你喜欢的任何地方，铺上一大块床单，沿着中心线划出虚拟的十字，每一个象限贴上对应的属性，或者拿四块不用颜色的布代表四个分区。属于哪个象限就放到对应的区域，再按照对应的方式来处理。按照这样的四分法则，处理原本待定区纠结不定的物品就变得容易多了。

案例1：

客户林女士，所有的衣服鞋子她都喜欢。身材好，穿什么都好看，所以都想留下来。但她又知道东西实在是太多了，取舍的过程非常纠结。

我发现她更在意物品的价格，所以建议她按照价格和常穿这两个维度进行四象限取舍，顿时取舍的过程就变得容易多了。

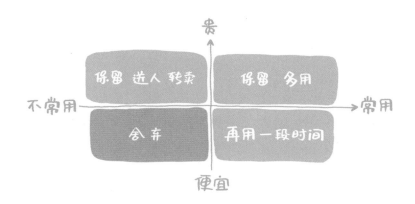

▲ 价格/常用 四分法

案例 2:

客户赵女士，东西贵不贵倒无所谓，她更在意使用的时间长短，于是按照使用时间和喜欢这两个维度来选择。

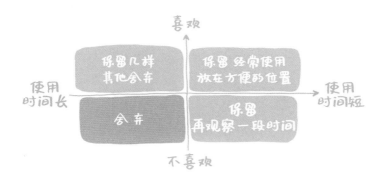

▲ 使用时间 / 喜欢 四分法

除了喜欢、常用、价格高低、使用时间，你也可以用你在意的任何因素来代替喜欢和常用这两个维度，如使用频率的高低、好不好看、有用还是无用、实用品还是装饰品等。

刚开始整理的人，一旦遇到无法决定的东西，很容易卡在那里，让整个战线越拉越长，也容易打击整理的信心和积极性。取舍四象限法可以避免这个问题，它用更直观的方法让取舍的思路更清晰，使整个整理流程更加顺畅。

04 15 项终极舍弃原则 ▼

1. 没有真正的无法舍弃

有位哲学家说过，当人说不可能，只是因为他不想做而已。所以，这个世界上没有真正无法舍弃的物品，只有深信无法舍弃的观念。

在传统的经济学理念看来，选择的多样性使得理性人的收益最大化——每个人都能选到自己希望得到的东西。然而，过多的选择不仅常让我们感到迷惑，还让我们的生活不堪重负。这其实就是选择力的缺失。

舍弃也是一门选择的技术，是需要不断练习的。经历了选择、选择再选择的过程，不仅选择力得到锻炼，在工作和生活的其他方面，"我自己想要做什么"的自主性也会大大提高。

2. 舍弃永远不会到来的"总有一天"

在上门整理指导的过程中，我发现总有一些闲置的书，主人说"总有一天我会看的"；总有一些闲置的物品，主人说"总有一天我会用的"。而这些书、这些物品，从来没有在真正需要的时候拿出来用过，甚至已经把它们忘了。这个"总有一天"永远也不会到来。所以，在判断物品的时候，应该考虑的是当下的一段时间，考虑已经有规划的某一天，而不是遥远的未知。

3. 舍弃回本的念头，及时止损

很多人不能舍弃的一个重要理由就是，买的时候很贵，心里总想着到现在还没用回本呢。就像有些衣服买回来很贵，但是尺寸不合适了，颜色有点过时了，可钱已经花了，就一定要穿够本才行，所以就一直都不舍得扔。

但实际上，物品一旦买回来，就是一直在贬值的，而且还长期占据着衣橱空间。每次看到都会提醒你，这件衣服都没怎么穿过呢，又乱花钱了，非常影响人的心情。

经济学上将已经投入且不可回收的支出称为沉没成本，这些物品就是沉没成本。我们要做的是及时止损。

为了宽敞的空间，为了好心情，我们一定要舍弃回本的想法，承认亏损，及早放手止损。

4. 舍弃买错的物品，勇敢面对失败

有些衣服明明试穿的时候觉着很合适，但是穿了几回就不穿了。有些物品明明当时很喜欢，但买回来几天就不喜欢了。丢掉又觉得浪费，宁愿一直放着，也不愿意承认自己买错了。

其实，不如检讨一下为什么会买错呢？有时是因为别人说好看就买了，有时是因为试穿了几次不好意思不买，有时是觉得便宜，有时就是跟风购买。

很多人都会有这样的买错经验。买错时最重要的是什么呢？及时放手。不然就会长时间跟买错的物品在一起，会不断地提醒你曾经的错误。还不如坦然一些，承认自己买错了，花钱买经验嘛，下次就可以更好地选择物品了。

5. 舍弃曾经，拥抱当下

在难舍的物品当中，有一种叫作已经不合身的衣服。明明已经穿不下了，而且短时间内已经很难回到以前的身材了，但就是不舍得扔。为什么？因为当年自己穿这些衣服的时候好漂亮啊，身材很好，看到这些衣服就好像看到了身材美好的自己。这其实就是沉迷于过去，沉迷于已经回不去的自己。

倒不如，接纳当下的自己。每一个阶段的我们都是最美好的。接受自己的身材和状态，去选择那些更适合当下这个自己的衣服和物品，让当下的自己更美更好。

再或者，当作动力，去健身，去运动，努力恢复过去的身材。当你真的恢复时，你会发现，有更美更适合你的衣服。

舍弃不合身的衣服，舍掉回不去的过去，接纳当下的自己，因为我们拥有的只有当下。

6.舍弃早就被遗忘的物品

做集中整理的时候，会翻出来好多被遗忘的物品。"呀，我还有这个东西啊。""哦，这个东西原来在这里呀，我还以为早就没了。"这真的是每个家庭中都存在的情况。

但是，所有的物品都是经过你的手带回来的，即便你忘记了，它也一直存在在你的潜意识里，分散着你的一丝心神，消耗着你的能量。而且呢，你长期不用，肯定也不会经常去清理他们，就会积累很多灰尘。这其实对于身心健康都是很不好的。

而且，被遗忘这么久，也没有影响你的生活，那么对你来说，它们并不是必需品，完全可以舍弃。

7.舍弃过度囤货

不同的人有不同的囤货习惯，有的人喜欢囤日用品，有的人喜欢囤衣服，有的人喜欢囤碗盘，有的人喜欢囤"娃娃"。若是自己有明确的喜好，也有相应的空间存放，且不会对当下的生活造成困扰，自然没有问题。

但事实上很多人都是无意识、无目的地囤货，看到东西在打折，看到喜欢的口红色号，不自觉地就会买。结果某天忽然发现，自家的存货都可以开店了。所以从日常开始，改掉过度囤货的习惯，根据自己的实际状况，合理囤货就好。

8. 礼物也是可以扔掉的

礼物是很多人的舍弃痛点。很多礼物可以说是一点用处都没有，却还要一直保存着，扔掉就好像是对别人的不尊重，辜负了人家的好意，很让人烦恼。

朋友送你了一件衣服，每次见你都要问下，"哎呀，怎么不穿我送你的那件衣服呢？"你赶紧说，"穿的，穿的，今天没穿而已。"心里却尴尬的要死"那件衣服明明不适合我好不好"。穿也不想穿，扔也不能扔，让人好纠结。

送礼物的动机肯定是好的，只是大多数情况下，未必能真正送到人心里，还可能造成如上这种尴尬。从这个角度来讲，很多人选择发红包还是很实用的。

再想一下，别人送你的礼物你都记得，那你送出去的呢？如果因为我们送的礼物给对方造成了困扰，这样大家都不会开心，我反而希望对方赶紧扔掉。因为送礼物本身才是令人快乐的事啊，所以礼物也是可以舍弃的。同时我们在送别人礼物的时候，一定要好好想一想，是不是别人需要的。再不然，送出去之后就不要再惦念了，不要给收礼物的人造成心理负担。

9. 设立暂存区

对于不知道该不该舍弃的物品，设立暂存区是非常好的方法。将这些令人纠结的物品都放入暂存储物箱，然后收在橱柜深处。设定一个期限，一个月、三个月、半年、一年。如果在这段时间里面，都没有用到这个东西，也就代表这个物品不是必要的。如果又有需要重新拿出来使用，那就留下来。

10．舍弃重复功能的物品

检视一下家里是不是有很多功能重复的物品。

比如，有的人家里会有不同时代的好几个电饭煲。买了新款之后，之前的仍然留着，我问她，还用吗，答案都是不用了。那你说应该怎么办呢，果断舍弃。

比如，有人会翻出来两本一模一样的书，这就是买了之后一直没有看却忘记自己有这本书了。

比如，有人家里有十几把剪刀，真的需要那么多吗？只保留必须要用的数量就好。

再比如，不断迭代的电子产品。随着生活水平的提高，各种电子产品也非常普遍，而且更新换代越来越快，最具代表性的就是手机了。家里废旧手机一大堆。还会用吗？答案都是，不会再用了。电脑也是一样的道理，所有配置都在不停地更新，更快、更薄、更美。我们是不可能再去用已经淘汰的手机和电脑的。

那么问题就出来了，不用留着干嘛呢？我觉得大家可能并没有认真地去想这个问题，只是习惯性地这样收起来。也有些人觉着里面可能会有些个人信息，怕扔掉不安全。 最方便的做法是不要将手机作为一般的生活垃圾扔掉，而是通过正规渠道处理掉不用的手机。

11．舍弃三分钟热度的物品

一时兴起买回来的、新奇的厨具，没多久就被打入冷宫了，类似这种物品也请果断舍弃掉。

有一个小电器三分钟热度排行榜，看看你家有没有中招：咖啡机、烤箱、果汁机、面包机、酸奶机、种类繁多的烘焙工具。用一位客户的话来说，这都是一个个的坑啊。既然是坑，那就赶紧从坑里跳出来吧，不要越陷越深了。

12.定期清理过期的物品

很多常用药网购都很方便，大家也都会储备一些，用的时候方便，不用专门再去买了。不过一般人并不会常常生病，药品消耗的速度也很慢，大部分药品在不知不觉中就过期了。所以要定期清理药箱，将一些过期的药物都扔掉。这个时间可以定为一季一次或者半年一次。

中式炒菜相对来说调味品比较多，除了基本的油盐酱醋糖，还有豆瓣酱、蒸鱼豉油、蚝油、番茄酱等各种酱料。有些不太常用的调味品，需要定期查看保质期，及时清理过期物品。

化妆品、护肤品类，尤其是同种产品囤了好多款，像各种色号的口红，真的很难用完。可以在化妆品上贴个标签，写上开封日期或者截止日期，提醒自己及时地清理。

13.舍弃明显超量的物品

明显超量的物品有碗盘、筷子、勺子、杯子等。很多人家里都会有这些东西，而且是把好的贵的藏起来，常用的都是很普通的。我的建议是留下最好的，如果家中有客人需求，再留够备用的就可以了，其他的也请用合适的途径舍弃掉吧。另外，尽量选择形状简单统一的，更容易收纳，也更美观。如果喜欢各种造型的盘子，那就给它们足够的空间。

14. 跳出会员卡的陷阱

对于各种会员卡、积分卡、购物卡，确认过期的全部丢掉。也可以跟商家确认下，是不是一定要出示卡片本身，很多都是报手机号就可以了。网购平台的会员卡则更方便，登录账号就行。

商家不管是推行会员卡、积分卡、购物卡，还是搞会员价、购物卡充值打折，根本上都是为了提升自己的销量让我们多买东西。

如果你没办卡，你会觉得吃亏了。如果你办了卡，但你没有带，没能积分，没能享受会员价，没能打折，你还是会觉得吃亏了。会员价的东西，你不买，你也觉得吃亏了，虽然大多数都是你并不需要的东西。当你在这里办了卡，你不来这里买东西，你也会觉得吃亏了。这些心理真的是很微妙。有时候，并不是为了需要而买，可能是为了积分兑换，为了满额换购，为了买二送一而买一些自己并不需要的东西，这真的是本末倒置啊。

所以，理智办卡，理性购物。你不办，你没有会员价，其实真的并不会吃多少亏。我以前也陷入过这种坑中。有时明明就近就可以买到，但非要跑很远去我有会员卡的那家店里买，为什么呢，积分呗。现在想想也真的是很傻，白白浪费了那么多的时间和精力。

15. 珍惜留下来的物品

舍弃并不是目的。

通过整理，反复地取舍、筛选，最终是为了确定我们想要的是什么，需要的是什么。舍弃之后留下来的物品和空间，我们更要好好珍惜。

05 居家舍弃物品 TOP 10 ▼

1．一两年不穿的衣服

对于一两年不穿或者很少穿的衣服，问自己以下几个问题：

我仍然喜欢它吗？

这一年来我穿过它吗？

我还会再穿它吗？

如果我在一家店里看到这件衣服，我还会再买吗？

它仍然合身并能修饰我的体形吗？

这些衣物能诠释我的风格吗？

这样一串问题下来，相信基本都有答案了。仍然很难选择的，就一件件试穿。很多很纠结的衣服，穿上身之后立马就有决断了。根据我的经验，一两年都没有穿过的衣服，以后也基本不会再穿了，绝大部分人都把它们舍弃了。

2．破洞的袜子

上门整理时，整理到袜子的时候，总是能翻到破洞的袜子。每每询问，为什么破洞的袜子还留着呢？答案都是，就是一直留着啊，偶尔还是穿一穿的。

但如果某天穿了破洞的袜子，然后又需要脱鞋的时候，该是多么尴尬啊。好多小伙伴都有这样的经历吧。

我们的双脚其实是很娇贵的，要负担整个身体的重量，一定要给它们好的呵护，一双质量好的袜子是最基本的。如果一双袜子都穿到破洞了，可想而知已经变成什么样了。

有一个小方法，把手伸进袜子里，好好地感受下袜底的硬度，是不是已经很干很硬了，那天天接触这样袜子的脚丫真的很可怜。

和周女士一起整理孩子的袜子时，我告诉她这样的方法。周女士忽然说，觉得很对不起儿子。我问为什么。她说，最近儿子一直跟他讲脚不舒服，她没当回事，现在才发现儿子小袜子的袜底又干又硬，手都硌得慌。孩子的袜子多是纯棉的，经常洗的话，很容易变得干硬。所以周女士说，让儿子的脚丫受委屈了。大家可以按照这样的方法去检查下家里的袜子，及时更换。

3.打底裤

这个是囤货率比较高的物件，二三十条都是很常见的。我见过最多的，各式各样的打底裤，500多条。这么多，真的穿得过来吗？

所以，根据自己的习惯，适当囤几条就好，比如，一个季需要穿的量。以后需要的到时再买就好了。

4.一次性干洗衣架

这几年做了很多上门整理的工作，发现很多家庭都在用一次性干洗衣架挂衣服。很自然，大家不会专门去买这种超细的衣架，都是从干洗店带回来的。带回来之后，就图方便直接挂在衣柜里了。

但实际上，这种干洗衣架只是干洗店出于成本的考量，并不是用来长期悬挂衣服的。因为它太细了，对衣服的承重很有限，长期悬挂衣服肩部很容易走形。

所以，干洗完的衣服取回来后，一定要及时换上自己家的衣架，这些一次性的衣架就还给干洗店吧。

5.书

书籍也是一个老大难。如果你真的很难下手，或者无从下手，不妨先问自己一些问题：

- 当时为什么买它。好好想一想，自己买书的初衷。

为了发个朋友圈，向大家炫耀下，我是积极上进好青年？

为了那些点赞，然后评论一句，哇，你真牛？

为了装一下，瞧，我读的都是这种书！

我根本就不热爱阅读，但不读书是一件很丢脸的事啊。

这种种都是陷入了"我很努力、我很上进"的假象，进入了买了不看，不看还要再买的怪圈。纯粹是为了买书而买书，只是为了自我安慰。

• 没看过的书，打算什么时候开始看？

总有一天会看的呀，这会是一个很普遍的答案。但其实这只是不愿行动的一个借口，它是那么得好用，屡试不爽。好像只要说了"哪天再读吧，总有一天会读的"，事情就像完成了一半似的，就可以心安理得地任由它们在那里了。

但是，我想绝大多数人都没有认真想过，总有一天是哪天呢，是明天、后天、还是未知的遥远的某一天，还是永远都不会到来的一天。

大家都觉得书里都是知识呀，我就放着，"总有一天"的时候再读吧。但是，即便你拥有几百本几千本书，你不看，又有什么用呢，它们对你来说不过是废纸一堆。最好的读书时刻就是你跟它相遇的那一刻。

• 看完的书，以后还会再看吗？

看完一本书，里面有多少内容是值得留下的。是否放入读书笔记了，是否已经转化为自己的知识了，是否还会重新再读？

回答完这三个问题，答案也就出来了。那不要的书该怎么办呢？

最好的方法就是分享出去。发个朋友圈，或者群里吼一声，谁要谁拿去，一般很快就被瓜分光了。或者捐给当地的图书馆，也有一些专门组织回收图书的机构，这些处理方法都是可以的。

6.各种票据、说明书

信用卡消费明细、水电煤账单、薪资明细表、超市小票、收到的请柬、邀请函等，这些都是属于告知你，这个月消费了多少，工资发了多少，超市买了多少，并没有实际的用处，在收到的当时打开看一眼就可以立即处理掉了。

我在很多客户家中都看到过积累的厚厚一沓的水电煤气账单。我问，留着做什么。客户说，也没什么用。没用那就丢掉嘛，丢掉之前记得粉碎重要信息。

医药单如果需要报销，就及时地报掉。如果没有报销的需求，也不需要作为以后的凭据，也请全部丢弃吧。医药单上也会有姓名、症状等个人信息，也要粉碎处理。

手机、电脑、电饭煲、电压力锅、豆浆机、面包机、烤箱等电器产品的说明书、保证书及自带食谱，基本上不太用得着。大部分电器不看说明书也能操作，实在搞不清楚，问客服可能还更快些。食谱更不用说了，网上查询更方便。至于售后，大部分品牌只要报出产品编码就可以查到生产批号、保修期等，不保留也没什么太大关系。

确认是已经过期的，请全部扔掉。在一个客户家里，帮她处理这些资料，装了满满两大袋。这种资料上面有很多个人信息，一定要努力粉碎。没有碎纸机的话，就简单粗暴点，直接手撕，撕得手疼怎么办，剪刀来剪碎。集中处理的话，真的是手都要断掉了。所以这种东西每次及时地处理掉，手也能少受点累。

8. 塑料袋

日常生活中真的是随处可见塑料袋，买各种东西时都会带进来。大家保留塑料袋也都是抱着当作垃圾袋再次利用的想法，不那么浪费嘛。这也是可以的。但问题是，我们真的需要那么多吗？

那些带有明显汤汁、烂菜叶的就果断扔掉吧。脏污会产生很多细菌，非常不卫生，有可能会影响到身体健康。而且，几乎每天都有新的塑料袋进入家里来，远远高于消耗的速度。

如果确实要留，就保留一些干净的，跟家中垃圾桶尺寸相符的，10 ~ 20 个足矣。弄得平整些，折叠成小方块，直立收纳起来，整洁多了不说，用起来也更方便。不过，还是更建议大家在购物的过程中多使用环保袋，更加节省资源。

9.纸箱

各种快递纸箱堆积在家里，有什么用吗？大多都是回答，万一哪天要用呢，或者是存放起来卖废品。

首先，"万一哪天"永远不会到来。当然，如果近期有明确的需求，可以暂时保留，尽快用掉。

其实，这些纸箱被生产出来，就是运输过程中用于包装物品的，并不是储物箱，它的作用注定了它本身的设计和质量不会很牢固。而且，我们所保存的纸箱大都不是新的，是经过了长途跋涉才来到了我们家，你不知道它路上经历了什么，真的很不卫生。

至于存放起来卖废品，至少要存放很厚的一摞才能够卖个几块钱吧。想一想普通家庭得多长时间才能存够价值几块钱的废旧纸箱，而这段时间里面，这些纸箱所占据的空间、所带来的烦扰又是多少呢。这笔账大家可以自己算一算，看自己更注重哪个方面，自然就很容易取舍了。

10.电线

各种电线缠绕在一起，也分不清楚哪根是有用的，哪根是没用的。也不知道，这些线都是用在哪里的，所以就一直放着。用的时候呢，全部找出来一根一根试。

实际上你会这样做吗？据我了解，大都是选择再买一根，这样更方便些。所以，为什么不能现在就一根一根地理清楚呢。把那些主机都已经丢失的、重复功能的、坏掉的电线统统扔掉。留下的这些有用的电线，用理线带一个一个绑好。实在怕忘记，再贴个标签。

第 **4** 章

收纳篇
15 个井然有序的收纳秘诀

01 从最简单的开始 ▼

全家的整理确实是一项大工程，需要花费很多的时间和精力。一次完整的整理可能会花费几天的时间，根据每个人情况的不同，可能会持续一个月、半年甚至更长。大家不要被这个时间吓到，如果能够集中时间整理的话，一般 3 ~ 5 天就够了。之所以会持续这么长时间，是因为很多时候只能用碎片化的时间整理。而且，不同的人对于整理完成的定义和要求不同。

若是对整理完全没有头绪，建议可以按照衣服、书籍、杂物、纪念品的顺序来整理。

衣服最贴近我们的身体，书籍最贴近我们的大脑。从最贴近自己的物品开始，会更容易进行下去。而且，衣服和书籍都有明确的类别归属，相对更简单一些。

如果一上来就从整理纪念品入手，面对着数量庞大的照片、日记等，看看这张，留着吧，看看那张，舍不得，都是回忆啊，无法取舍，整理的进度就这样耽误了。而且还会觉得整理怎么这么难啊，我还是放弃好了。

其实就跟我们做其他事情一样，从最简单的入手，从自己最擅长的开始，更容易做到，也更容易往下走。而且，在这个过程中，选择物品的能力会一点点增强，当逐步建立起自己取舍的标准时，就会越来越知道自己要什么，后面的整理自然就会越来越轻松了。

02 怎么分类都可以 ▼

谈到分类的时候，我的朋友问我：她特别头疼自己的衣服到底该怎么分类，是按照季节，还是衣服类型、穿着频率分类？我给她的答案是：你想怎么分就怎么分。

分类不是一个有标准答案的事情。

如果你的城市四季分明，每个季节的衣服很少又相互交叉穿，那就按季节来分；

如果像上海春秋很短，冬夏季节性更明显，经常会出现各个季节衣服的混搭，就可以按照衣服的种类来分；

如果你的工作场所对服装有特定要求，一周五天都是工作服，周末才能自由穿搭，就可以考虑按照穿衣频率来分类。

分类的过程也是梳理自己生活习惯的过程，不同的分类方式反映每个人不同的选择，在整理的过程中，不断练习找到适合自己的分类方式。

　　一家人生活在一起，每个人的分类方式也可能会不同，这并没有什么对与错，只是思维方式不同罢了。接受不同的分类方法，也是学会尊重他人的不同意见。

03 **直立收纳的魔法** ▼

问：收纳衣服时，挂起来方便还是叠起来方便？答：挂起来更方便。

1. 能挂的挂起来

空间足够的情况下，能挂的衣服会建议都挂起来。一件件衣服站在那里，呈现出完整的自己，让你一眼就能够看清所有。无论是日常挑选衣服还是定期整理都非常方便，节省大量的时间和精力。

若是想让你的衣服大军更加好看有序，可以按照衣服的色系、长短、材质来排序，或者按照衣服的风格、场合、穿着频率来排序。

需要注意的一点是，有时如果想单纯地按照从长到短或者从短到长来排序，那么颜色上、材质上可能就会显得很乱；如果按照颜色递进来排列，长短顺序就不能兼顾了。我的建议是抓大放小，按照视觉感最强、自己最顺眼的规则来排列。

2. 折叠衣物也直立

问：挂衣服占空间还是叠衣服？答：明显挂衣服需要的空间更多。

大多数人可能连不换季的衣橱都无法实现，更别提把所有衣服都挂出来了。这个时候衣服的折叠收纳就很有必要了。

怎么叠呢？

通常是平铺叠好之后，很多件衣服一层一层摞起来，就像千层塔一样。而衣柜的进深一般在 500 ~ 600mm，这样的深度收纳折叠的衣服可以里外各一层，一个 300 ~ 400mm 高的搁板间里能放几十甚至上百件衣服，容量真的是很大，也能做到看起来很整齐。

当你要找一件衣服的时候呢？

如果这件衣服很幸运地在外层，可以在层层叠叠中明显地看到，那就把它上面的衣服抱下来，取出想要的衣服，再把刚才的衣服抱回去。

如果很不幸在外层看不到它呢，那就得把外层的衣服先抱出来，然后再重复一遍上面的流程。这样找出一件衣服真心不容易呢，如此折腾个三五次，耐心也就消磨得差不多了。

以后再找衣服的时候就变成，先找到这件衣服在哪儿，牢牢揪住一只衣角，快速抽出来。这样抽几次，所有的衣服又全都混在一起了。而且时间一长，内层的衣服总是看不见，也就被忘得七七八八了，得等到某次大整理的时候才发现，"哦，原来这件衣服藏在这里呀"。这样的折叠方法就很容易陷入"整理—乱了—整理—又乱了—再整理"的恶性循环中。

▲　衣服堆叠收纳，扯出一件衣服，其他的很容易乱掉

直立收纳的魔法就可以有效地解决这些问题。不再是平铺折叠，而是把衣服叠成方块，像书本一样，一件一件直立去放。

以最常规的 T 恤为例，

● 将衣服横着平铺在自己面前，用掌心的温度轻轻把衣服抚平。

日常生活中，衣服要么是穿在身上，要么是挂在衣架上，要么是随意地叠几下扔进衣柜里。

　　抚平既是为了让衣服更平整，也是难得的跟衣服亲密接触的机会。可以好好感受下衣服的柔软程度，检查下有没有起球，有没有脏污，是否需要深度清洁或者替换。每叠一步都可以顺手抚平一下，叠出来的衣服会更加平整。

　　简单的一个抚平的动作，能让人和衣服有了更深的连接。

● 将衣服分成三份，两边依次叠进来，让衣服变成一个长方形。

● 将长方形折叠几次，衣服就变成一个小方块了，大部分的棉质衣服都可以稳稳地站起来。

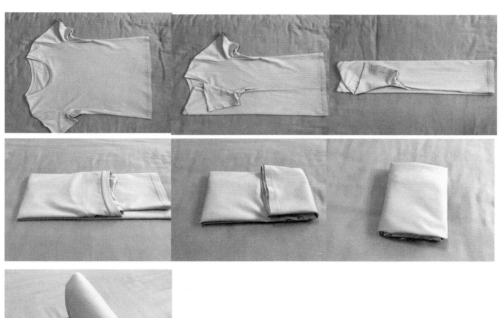

▲　　衣服直立折叠的方法

我非常享受抚平衣服的过程，对我来说非常的治愈。被用心对待过的衣服，仿佛也更有光彩了。

抚平　▶

裤子也是一样的道理，要注意的就是裆部，裆部是额外突出的部分，柔软的布料可以直接折进来。对于牛仔这种有些硬的布料，把裆部收进去就好。这样折叠之后呢，裤子也可以直立收纳起来。

掌握了基础叠法之后，其他的衣服也是一样的道理，根据衣服的大小和厚度稍作调整就好。

直立折叠收纳可以更高效地利用空间，能够一眼看到所有衣服，取放更加方便。而且衣服相互之间是独立的，拿出某一件衣服，就像拿书一样，直接拿出来就好，不会影响其他的衣服。要放回去时也是一样的。

直立收纳的衣服　▶

3.直立收纳的两个小技巧

小技巧 1 举一反三，灵活运用

对于各种类型的衣服，在基本叠法的基础上灵活运用。同类型的衣服基本叠成一样的宽度和高度，厚度可以不用太在意。对于过于宽大或者过于窄小的衣服，在叠成基础的长方形时，不用追求平均分成三份，而是根据衣服的实际宽度灵活调整。实践出真知，多多练习，灵活变化。

直立收纳叠成同样的宽度和高度 ▶

小技巧 2 花色外露，容易辨识

有人说，相同颜色的衣服都叠在一起，我分不清楚呀。那就把衣服正面的图案叠在外面，增加辨识度。可巧，有人就喜欢纯色的怎么办呢？这个真的要靠自己了，看你对自己的衣服够不够熟悉，够不够了解了。

我有一个客户，她有很多件运动衣，颜色都很相近，一整排玫红色系的衣服整整齐齐地立在抽屉里。我当时也问了这个问题，她完全没有这个困惑，她说只要一摸就知道哪件是哪件了。这就是对自己的衣服够熟悉。

如果你实在无法辨识，要么给它们找点空间，全部挂出来；要么自己麻烦点，每次打开看一下。

直立收纳还可以应用在很多地方。比如包包、面膜、毛巾、零食等，简简单单一个站起来的动作，就极大地提升了物品的秩序感、空间的利用率以及使用的舒适度，这不是魔法又是什么呢？

▲　直立收纳零食

04 定位，让物品居有定所 ▼

收纳中一个非常重要的步骤就是定位，给留下来的每个物品安排一个合适的位置。日后的生活能不能轻松维持，非常关键的一点就在于确定的位置是不是合理。

1.舒适区

一个柜子哪些区域是舒适区呢？最简单的判断方法就是，人站在柜子前，一只手抬起，一只手自然下垂，两手之间的区域就是舒适区，也是最方便使用的区域。

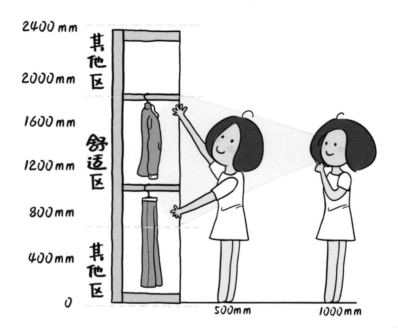

　　在舒适区取放东西，只要抬抬手或者略弯腰就可以轻松拿到，是使用感受最舒服的区域，这块区域就用来放最常用的物品。

　　衣橱就放当季常穿的衣服。储物柜就放日常经常用到的物品。厨房的舒适区就是操作台面了，尽量不放东西，把空间留给操作。

　　上方区域需要踩个凳子或者梯子才能拿得到，就放换季的或者是季节性的物品。下方区域需要蹲下，但相对上方来说还是轻松得多，这个位置若是抽屉的话，使用起来就更方便了，可以用来放置小件物品，或者是平时会用但是不那么高频的物品。

2.定位三因素

在给物品定位的时候需要考虑以下几个因素：

使用人：谁使用，谁做主。

定位的时候要以使用人为主，尊重使用人的生活习惯。

比如厨房经常是我来使用，那厨房中的物品收纳就是以我的习惯为主来布置的。

使用地点：经常在哪里使用。

就近收纳在使用地点的附近。

比如水杯，就放在热水壶附近。吹风机，若是习惯在浴室吹头发，就收在洗漱台里。若是更愿意回到卧室吹头发，就放在卧室的柜子里。再比如化妆品，放梳妆台还是卫生间，也是一样的道理。

使用频率：多久使用一次。

若是天天都要用的东西，动线越近越好，步骤越少越好。

近期常穿的衣服，就放在衣柜的舒适区。每顿饭都要用的调料，当然是收在灶台的附近。

低频使用的物品，不经常穿的鞋子，可以收在鞋柜的高处。若是一年只用一次的东西，那就放心地收到柜子的最高处吧。

每个人的私人物品可以根据各自的使用习惯和生活动线来定位。公用物品则要综合考虑家人们的需求，像日用消耗品、清洁工具、零食等，大家一起沟通，看放在哪里是大家用起来都很方便的位置，综合权衡。一旦确定好之后，这就是物品的家了。

　　完全掌握物品的位置，内心会非常安定，这种安定来源于对家中物品的掌控感。想要什么，能够快速找到，想做什么，能够快速实现，真的是一件提升生活幸福感的事。

05 立体收纳，活用墙面空间 ▼

有人说，台面无物是真的好，但家里空间实在太小了，能收纳的地方都放满了还是放不下怎么办？

那就把立体收纳法用起来，尤其是那些每天都要用的物品，那些经常处于湿哒哒状态的物品。

第一，立体收纳，活用墙面，减少台面的物品，给备餐、清洁等操作留出足够的空间。

第二，挂起来可以更好地通风晾晒，解决收纳湿物品的烦恼。

第三，方便随手取放，更加快捷好用。

▲　挂杆 +S 钩

小工具 1：挂杆 +S 钩

使用场景：厨房

这里如果只放一根挂杆其实起不到太大的收纳作用，但是配上 S 形钩，那就不得了啦。挂杆跟 S 形钩是绝配。利用热水器下面的墙面空间，把常用的勺子、铲子等都挂出来，好看又好用。

一根轨道杆 +S 钩，锅也可以轻松收纳。

柜门上挂一排挂钩，也可以用来收纳相应的物品，有效利用柜门后的垂直空间。

小工具2：挂杆

使用场景：阳台

在解决阳台晾晒衣服的难题时，我也选择了利用墙面空间，钉上几根挂杆，将晒衣区完美地隐藏了起来。

在晒衣区的下方粘个免钉挂杆，晾晒清洁抹布，藏得好又容易干。

小工具 3：挂钩
使用场景：厨房

在吊柜底部粘一排粘钩，利用隐形粘钩可以 180 度活动的特点，把沥水篮、菜板都竖直挂起来，轻松沥水不发霉。

镜柜侧面粘上一个粘钩，把面巾或者纸巾挂上去，不占台面空间，又很顺手。

小工具 4：伸缩杆

使用场景：厨房

窗台上架一根细细的伸缩杆，把湿乎乎的手套、抹布晾在上面，把窗台空间用起来，十几厘米的高度也不会影响视线和采光。伸缩杆不用钉钉子，又能自由调节长度，很适合在有两个墙面又需要挂杆的地方使用。

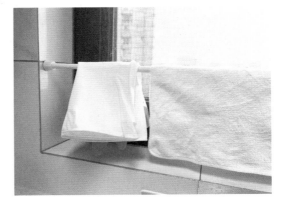

小工具 5：搁板或置物架

使用场景：厨房

如果你跟我一样，不喜欢把常用的油盐酱醋都收起来，在墙上钉一个置物架或者搁板放置每顿饭都要用的调料，也是很方便的选择。

使用场景：卫生间

小架子用免钉胶粘上墙，东西都放在架子上，洗漱台的台面无物，非常好清洁。

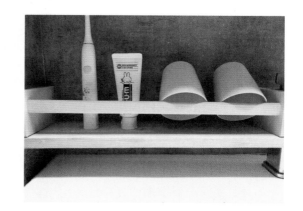

除此之外，利用刀架、筷子笼以及各种挂架、挂钩的合理搭配，砧板、菜刀、锅盖、锅具等都可以挂上去。

利用好洞洞板、挂钩等，扫把、拖把、刮刀、吸尘器等清洁工具也都能轻松上墙，台面、地面立马清爽。

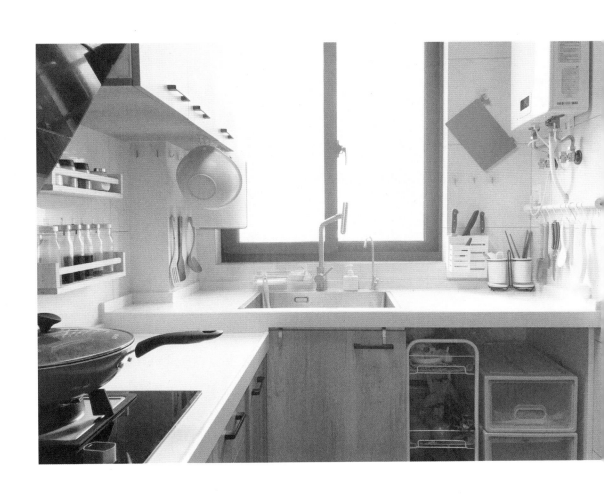

06 不是所有的空间都要放满 ▼

都听过那个故事吧。一个杯子，怎么才能装满呢，先装大块的石头，再加小碎石，还可以加沙子，最后还可以再加水，满得不能再满。很多人认为收纳就像这个故事一样，一定要全部填满，不浪费任何空间才对。

但是，现在到了转变想法的时候了，好的收纳首先要做到的就是在日常使用时，拿取的时候容易，放回的时候也容易，这才是方便实用的好收纳。

所以，并不是所有的空间都要放得满满的，而是要根据具体情况适当留白。

场景 1 衣橱

把衣橱塞得满满的没有一丝缝隙，看上去是最大化利用了衣橱的空间。但使用的时候呢？想要拿一件衣服的时候，需要一只手甚至两只手先把衣服用力地扒开来，才能拿出想要的那件，放回的时候也是一样的操作，这样的衣橱真的好用吗？

那换一种方式，衣服挂得宽松些，两个衣架之间留出 20 ~ 30mm 的距离，这样放个七八成满的状态，无论是取出衣服还是放回衣服是不是都更轻松方便呢？

场景 2　储物柜

若是日用消耗品系列，某个空间里全是抽纸或卷纸，那填满整个空间就没关系了。这些都是相同的物品，使用的时候没有差别，只需要一包一包地拿出来用就是了。这种是可以塞满的。

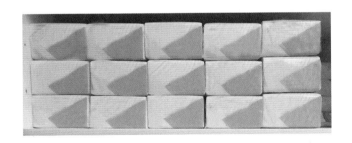

场景 3　展示柜

若是纯属展示性的空间，比如玄关的展示柜，客厅的展示墙，则留空越多越好。既然是展示，就是为了突出自己喜爱的物品或是藏品，只要放 1 ~ 2 成满就可以了。

就像逛街时发现的那样，越高档的衣服店展示出的衣服越少，悬挂的衣服只有五到七成，甚至有些区域只挂一件，这也是留白的应用。人们也会下意识地觉得这些衣服很贵。相反，量贩店里的衣服是不是总是挤得满满当当呢？

同样的道理，逛博物馆，看展览的时候，最重点的、最想突出的那个作品绝对是自己占用一整面墙，让人一眼就知道，这才是重点。

不过，如果一开始不能完全做到，也不要太勉强自己，根据自己的状况适当调整，再慢慢地精进改善。整理本身就是这样一个循序渐进的过程，每个阶段完成自己的目标，再向下一个目标精进，允许自己一点一点变得更好。

07 降低家里的视觉噪音 ▼

理论上来讲，人们觉得杂乱烦扰还是清爽有序，很大程度上跟进入视线的物品的信息量有关。信息源越多，越容易觉得乱，就像是一种视觉上的噪音。反之，进入视线的信息源越少，空间噪音越少，大脑越容易得到清爽的信号。若是整理完之后仍然觉得看起来乱乱的，或许就应该降低家里的视觉噪音了。

降低视觉噪音的方法一：藏与露的秘密

怎么藏，怎么露？

常用的、漂亮的物品可以摆出来，露出来，比如一些收藏品，比如玄关处的各种小物件，比如厨房台面上常用的厨具。在露出来的同时，要注意留白原则的应用。因为露出来的收纳是自己要经常看到的，注意留白比例一方面是为了美观，让自己在家中时心情愉悦，另一方面也是为了好拿好放，提升生活的便利性。

不常用的物品散乱地摆放在外面，不仅看起来更乱，还会大大占用日常活动的空间，所以藏起来收纳，放到看不见的空间里。

藏起来的物品也要做到有序收纳，不能因为关起门了、看不到了就可以胡乱塞，这样要用哪件物品的时候才能轻松找到。如果找不到想要的东西，或者每次找东西都要花很长时间也是很崩溃的。

降低视觉噪音的方法二：发挥统一的威力

信息源和空间噪音的来源是什么呢？过多的颜色，各异的形状，不同的大小规格，丰富的文字信息等，都会额外增加进入大脑的信息量，形成视觉噪音。这就是为什么有些人使用了很多收纳工具，东西都放得整整齐齐依然觉得乱。

使用品牌、规格、色系一致的收纳工具，会大大减少这种杂乱感。

统一的衣架

家庭常见，各种类型、各种颜色的衣架，一般都是今天看到这个不错，买一打回来，明天看到那个做活动，又买一打回来。不同类型的衣架高度、形状也会有所不同，导致挂出来的衣物非常不美观。

把家里所有的衣架都换成统一的，包括晾晒湿衣服的衣架，这样晒好的衣服可以直接挂进衣柜，就不用重新取下来再挂上去，额外增加重复的工作了。

挂好的衣服再按照颜色排个序，也是降低视觉噪音的好方法。

统一的收纳盒

各种米豆杂粮买回来都是袋装，包装颜色、大小都不一样，袋装的形式也不好收纳。

全部换成统一的粮食收纳盒，使用透明的盒子，能够清楚地看到里面的东西，特别有秩序感。

统一的分装瓶

花花绿绿的洗护用品，洗发水、护发素、沐浴露等，全部换成统一的分装瓶，方方正正的分装瓶看起来格外舒适。

油盐酱醋也是一样，通通分装进小瓶，剩余的作为库存放在存储区里。担心自己分不清楚的话，再贴个标签。

统一的颜色

把颜色鲜艳的床单被罩都换成统一的纯色系，纷繁的信息源瞬间隐身了，感觉卧室的噪音都降了几度，更加宁静了。

08 集中收纳与分散收纳 ▼

集散原则的两个重点是：1.同类物品集中收纳在一起；2.常用物品配合动线分散收纳。

1. 集中收纳

整理的系统步骤中，分类取舍之后留下的物品，也都是一类一类的，就是为了在收纳的时候，把同类的物品集中收纳。

所有的 T 恤都收在最下面的抽屉里，十件 T 恤刚好放满一个抽屉。所有的袜子都在这个收纳盒里，不用再在衣服堆里翻袜子。

囤的纸巾都在这个柜子里，缺的时候来这里拿，要是发现囤货快没了，就及时补充进去。

药品全部集中在一个抽屉里，有个头疼脑热过来拿就好。一目了然能看到所有的药品，定期整理补充，省得平时乱买。

装完分装瓶剩余的油盐酱醋全都放在一个柜子中，不管谁做饭，都能在这里找到它们。

家里的文件可以集中收在一个安全的地方，需要用的时候就去拿，用完之后也及时放回去。

同类物品集中收纳，可以让我们清楚地掌握自己拥有多少数量，避免过多购买。在找东西的时候，就去那一个地方找就好，不用东翻一处西翻一处，哪哪都找不到，既浪费时间又产生了焦躁情绪。

2. 分散收纳

采用集中收纳了，是不是所有的物品都必须放在一处啊？并不是，常用的物品更适合采用分散收纳。分散收纳时注意要配合生活动线，将物品放在使用位置的附近。

比如我在客厅会用到剪刀，在卧室有时候也会用到剪刀，若是单独放在某个区域我都觉着不够方便，我希望我要用剪刀的时候有最短的动线，并不想多走几步。那怎么办呢？那就分散收纳呀，需要的每个地方都放一把剪刀，问题就解决了。

书籍看到一半中断时，我一点也不想放回原位。为什么呢？因为太麻烦了。

大多数时候，我都不会在书柜的附近看书，可能会在阳台，可能会在卧室。就算我不嫌麻烦把书送回书柜了，但放进去之后多半也不会再拿出来了。

所以我选择把近期读的书放在使用更多的卧室飘窗上，动线短，不会影响读书的积极性。这是我对书的分散收纳。

▲　近期读的书放在飘窗上

也可以在书桌上建立一个迷你书架，容量三五本书就好，就放近几天要读的书，每次读完就放回这个小书架，既便利又保持了整洁有序。

集中和分散看起来是两个对立的词语，但用在物品的收纳上并不是非此即彼的，两种收纳方式满足的是不同的需求，灵活搭配使用就好。

09 移动收纳，想怎么用就怎么用 ▼

收纳系统中，怎么能少了移动收纳。借助推车类型的移动工具，可以轻松实现多场景收纳，大大提升生活的便利性。移动方便，高效利用空间，这就是移动收纳的概念。

场景 1 移动茶几

一个硕大的茶几是传统客厅固定的三大件之一，但时间长了，大多数人家里的茶几会慢慢地沦为一个庞大的杂物堆，遥控器、零食、钥匙、零钱、水杯等各种东西很快就占满了整个茶几空间。

不要吧，有时候也要用到。用吧，很占地方，收纳空间也很有限。如果选一个带有丰富收纳空间的茶几，往往又很厚重。当然，如果你真的需要一个茶几的话，建议选用带抽屉收纳的，让杂物都分类隐藏在抽屉里。

若是没有硬性的大茶几需求，一个移动的小边几也是很好的选择。你想要在哪里休闲的时候，就把小边几推过去放在边上，喝个水、看个书都很方便。不用的时候，就把它靠到墙边。这样客厅的空间显得更宽敞，同时也增加了使用的便利性。

场景2　窄缝收纳

家中如果有一些比较狭窄的缝隙空间（十几厘米的宽度）想要利用起来的话，比如厨房里、卫生间里，一个尺寸合适的小推车就是非常好的收纳工具。窄缝小推车，一方面可以充分地把空间利用起来，另一方面因为可以移动拉进拉出，使用起来也很方便，可以根据自己的需求收纳任何东西。

场景3　移动中转区

在一次整理咨询的时候，我的客户提出了一个问题，她特别不愿意把晾干的衣服立刻送回衣柜，总是要放几天才愿意送回去。平时这些衣服就堆在沙发上，乱糟糟的很是烦恼。

我便提出了移动中转区的方案，利用她家里的小推车来暂时安置这些晾干的衣服。小推车有三层，刚好可以分类放一家三口的衣服。等过几天，到了她愿意归位的那个时间点，她再推着小推车去衣柜，还更省力了呢。

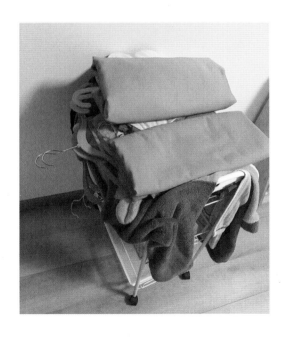

▲　用小推车做中转区

场景4　移动育婴区

在给一个新手宝妈做上门整理的时候，发现她因为给宝宝换尿布的事情经常手忙脚乱。因为宝宝可能在卧室换尿布，也可能在客厅，也可能在餐厅。如果尿不湿全都放在卧室，每次都得跑回去。不然就是家中各个地方都放着几片尿不湿，这也是她家当时的状况。

我便用小推车帮她建了一个移动育婴区，把尿不湿都放在小推车上，宝宝经常用的口水巾、干巾、湿巾、毛巾也都放进来。宝宝在哪里玩耍的时候，就把小推车也带过去，这样日常的清洁护理工作就轻松多了。

场景5　蔬菜水果

厨房里最容易缺少的一个区域就是果蔬区。在存放食材这个事上，通常想到冰箱就结束了。真正使用之后发现，貌似少了一个地方放那些不需要放冰箱的食材。小推车就可以很容易实现这个功能，每层可以分类放置不同的蔬菜水果，移动的设置用起来也非常方便。

此外，我还曾把小推车放在书桌边上收纳书籍和办公杂物，方便跟着我转换工作地点；也用过小推车收纳辰辰的玩具，让辰辰可以轻松地推来推去。所以，如果你也有类似的收纳困扰，不妨试试移动收纳法，真的是想怎么用就怎么用。

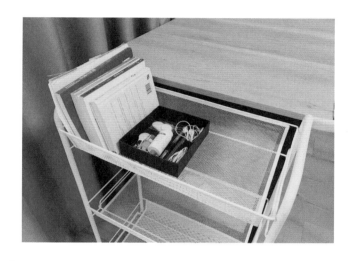

10 使用它们本来的功能　▼

　　百纳箱、大型塑料储物箱，属于存储类工具，是用来存放那些很长一段时间内都不会再用的物品，比如过季的衣物、换季被褥，一年只用一两次的东西等。

　　它们的功能就是存储物品，不是用来收纳日常使用的物品的。如果用这些工具来做日常收纳，必定会觉得用起来很不方便，整理完之后也很容易乱掉。

　　行李箱、塑料袋、纸箱，它们的功能是用来运输物品的，是为了我们在出行的过程中更便捷地携带物品，也不是用来日常收纳的。

　　把食材都放进塑料袋塞进冰箱，用的时候再翻找，不仅经常找不到东西，里面的东西还容易被忘掉。

　　所以说，不是叫收纳工具就可以收纳所有的东西。对于这些收纳工具，使用它们本来的功能就好。

11 台面不是收纳场所 ▼

朋友来我家，惊呼：你家厨房怎么可以这么干净？她指的是灶台上竟然没有任何油渍，台面上也清清爽爽。

其实，就是每次做完饭，把所有的台面擦干净，每周再深度清洁一次。对我来说，就是一顺手的事儿。

很多人并不是不想收拾，不想清洁，而是一看到台面上那一堆东西，真的是一点整理的欲望都没有了。只是想简单地擦下桌面就要把桌子上零零散散的各种物品一一拿起来，擦桌面，再放下，真的好麻烦。久而久之，桌上东西越堆越多，就更加不想整理了。

我有个客户家中就是这样，大大的餐桌上堆满了各种跟吃有关或者无关的东西，吃饭时只能扒出一个小小的角落来委委屈屈地吃饭。

厨房台面也是一样。如果每天都清洁台面，不用花费很多功夫就可以很干净，也不会有清洁积累已久的油烟的痛苦。

不管是餐桌、书桌还是茶几的台面，它们的作用是用来吃饭、读书、喝茶，是使用场所，而不是用来放东西的收纳场所。

想要便捷地使用和清洁台面，最方便的方法就是台面无物。

要做到台面无物，同样需要提前规划好收纳空间，把需要在台面附近使用的物品都安排好合适的去处，可以借助抽屉、收纳盒、上墙搁板等收纳工具来辅助，使用完之后也及时放回原位。

要说明的一点是，台面无物还是很难的，但可以从 1 甚至从 0 做起，慢慢来。而且，并不是每个人都需要做到台面无物，找到你自己能接受的那个度就好。

12 书柜，只放书就好 ▼

在书籍的数量和收纳空间匹配的情况下，书的收纳是非常简单的，按照自己的喜好分类，一本本直立收纳在书柜上就好。很多人家里的书柜之所以乱，很大一个原因是在书柜里放了很多各种各样的杂物，照片、奖杯、装饰品等。

大部分书并不会完全占满整个书柜的空间，这些杂物就出现在书的上面、前面以及任何空余的地方。一旦你开始放东西了，就会有源源不断的杂物被放进来。书柜逐渐变成了杂物柜，书也就不方便拿了，拿出来也不好放回去，来来回回几次之后就变得越来越乱，也很难有读书的欲望了。

要改善这一点也不难，记住一条，书柜的功能就是用来放书的柜子，书的上面和前面不要放任何东西。这样即便不对书做任何的陈列排序，也是很整洁的。

如果书柜空间足够大，可以采用留白的方式放一些其他物品点缀。比如间隔着空出三五个格子专门放装饰品。或者每格书的前面只放一件物品，前提是你不嫌麻烦，能接受每次拿书之前都要先挪开它。

13 设立一个中转区 ▼

规划空间的时候很容易忽略的一点是，日常生活中还会有一些动态的状况同样需要提前规划好。

1. 穿过一次不洗的衣服中转区

特别是秋冬季节的外套，穿了一天，也不怎么脏，但第二天不想穿同一件了，洗掉吧，觉得没必要，放回衣柜又觉着跟干净衣服比还是有些脏的，然后也不知道放哪里。经常是随手扔在椅子上、沙发上，慢慢地堆成一座小山。堆得越满，也就越不想收拾。

这个时候就需要设置一个衣物中转区，让穿过不洗的衣服也有家可归。

方案 1：独立区域

在衣柜里辟出一个专门的区域，这个区域只用来放这些穿过不洗的衣服。该挂的挂，该叠的叠。比如我家衣柜的这块区域，就用了一个单门衣柜作为中转区。

方案 2：独立挂衣杆

多数情况下，衣柜用来放衣服都不够用了，哪里还能分出一块专门的区域呢。那就只能往外转移了。在玄关处或者卧室，或者其他合适的地方，放一个挂衣杆。只要最简单的

单杆那种就可以，长度可以根据自己的衣服多少来选择。

方案 3：门后挂钩

简简单单的门后挂钩也很好，挂在门背后就可以了。选择挂钩的时候要注意门和门框之间是否有足够的间隙，挂上之后是否能顺利地关门。另外要注意门的厚度和挂钩的尺寸是否吻合。

方案 4：粘钩

把粘钩贴在门后、墙上、衣柜门上，也可以起到中转区的作用。

方案 5：衣帽架

衣帽架的功能更多些，帽子、包包、衣服都可以往上挂。树杈型的衣帽架最方便，一只手就可以完成取放的动作。但也正是因为太方便了，衣服、包包一件套一件，很容易让人忽略上面有多少衣服，也很容易忘记都挂了哪些衣服。使用衣帽架的时候一定要注意控制上面物品的量。

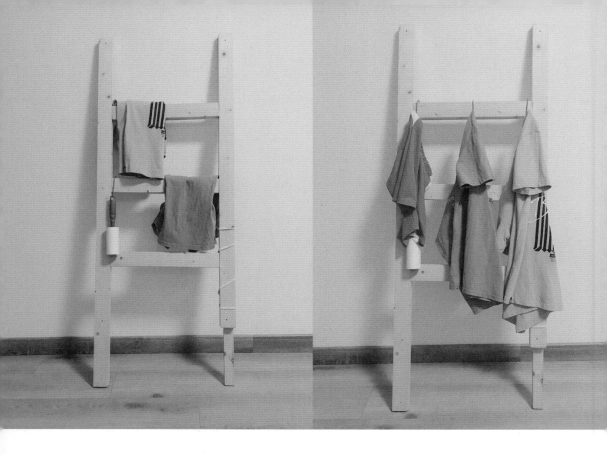

方案 6：梯子

这是辰辰高低床上拆下来的梯子，刚好用来放两三件衣服，随手一搭或者加几个钩子挂衣服，倒是很方便的。而且不能多放，可以有效地预防衣服越堆越多。

不管设定怎样的衣物中转区，都要定期整理，隔一段时间如果还是不穿，就清洗干净放回衣柜，避免把中转区变成堆积衣服的场所。

2. 暂时不想整理中转区

物归原位确实是一个很简单的动作，但总有一些时候不想立刻去做。这个时候也不用有罪恶感，设立一个"暂时不想整理"的中转区即可。

如果不想每天都把晾干的衣服收回衣柜，就用个收纳筐作为中转区，等到周末再集中整理。

某段时间工作特别忙，根本顾不上收拾也没关系，就把这段时间作为待整理的中转区，忙完工作再整理。

出差特别累的时候，回到家根本不想动，那就只把必须要用的手机、电脑拿出来，其他东西暂时放到某个柜子作为中转区。过两天缓过劲来了，再一一整理归位。

我就有一个"出差累"中转区。

设立暂时不想整理中转区的前提是，你已经掌握了系统的整理方法，虽然当前很乱，但你知道，你是有能力恢复家里的秩序的。在这个基础上，就可以根据自己的实际情况设立各种中转区了。

14 家人不配合我怎么办？ ▼

老公总是随手乱放，父母总是阻碍我扔东西，孩子的玩具到处都是，说了也不听。这是大多数开始整理的人都会问的问题，总结一下就是：家人不配合我整理怎么办？

1. 整理之前先安抚家人

整理的过程是一个先打乱，再慢慢变整齐的过程。

根据我的经验呢，大多数人在整理到一半的时候，就会开始烦躁、气馁，甚至怀疑自己，我到底能不能整理好了，到底什么时候才能好呢。

如果你自己都会有这种问题，旁观的家人呢？

在一定程度上，家人越配合，整理的效果会越好，所以一定提前与家人做好沟通。

因为你整理每一个区域，都有可能会需要几天的时间，在这几天里，所有的东西都会摊在那里，一片乱象呈现。

家人难免会念叨，你是在收拾吗，怎么越收越乱呀。最开始我整理自己家的时候，先生也说过这样的话：你怎么越整越乱呢？但全部整理好之后，每次起床先生竟然把睡衣叠得整整齐齐，之前他都是随手扔在床头的。

所以，提前安抚家人，让他们知道，乱只是过程，乱之后的整齐有序才是最终的状态。

2．爱还是控制

武志红老师在《为何家会伤人》一书中讲到：

同一件事情，因为坐标体系不同，不同的人就有不同的认识。在坐标体系中，我们自己位于中心，是唯一的主体，其他人都是外来物。

要保持这个体系的平衡和稳定，我们必须去评价一个人，否则就觉得不安全。夸奖和批评都是我们的工具，目的是为了控制对方。

家人是我们最亲的人，对于他们，我们应该去爱。

爱是什么，爱是无条件接纳，并着眼于好的一面。

很多时候，我们并没有站在对方的立场上，只是以自己的标准来评价对方，要求对方，本质就是想控制对方的行为。

这就是为什么老公、父母、孩子都不会听从、不愿配合的原因。他们觉得被侵犯了自由，不管他们有没有意识到，他们的身体都非常诚实地做出了反应。

我们应该试着站在他人的立场上去看待事情，学会换位思考并养成习惯。

老公其实自己不觉得乱。

父母一辈子俭省惯了，一时之间很难接受断和舍的理念。

孩子呢，身教大于言传，处在什么样的环境中，孩子就会是什么样。

3. 先做好自己

想要别人改变，富兰克林的结论是："最好的训诫是以身作则。"

而甘地是这么说的："我们必须活出想要让其他人效法的样子。"

如果你想其他人改变，自己就必须先改变，先以身作则。

人们改变是因为他们自己想改变，但是如果你想要设法改变另一个人，只会让他更紧守住现有的行为，不肯放弃。

我们并不需要想方设法让家人变成我们希望的样子，我们只需要让自己变成想要的样子，我们散发出的能量场会慢慢地影响家人。

4. 多多赞赏

戴尔·卡耐基在《人性的弱点》一书中写到：在日常生活中，我们经常忽略的美德之一便是赞赏别人。

直接批评是最无用的，因为没有人喜欢被批评，而且会引起更强的反感。

批评常常会伤害一个人宝贵的自尊，会使人采取防守姿态，并竭力为自己辩护。

想一想，我们平时是怎样来对待老公、父母、孩子的呢。

"又乱扔袜子，你总是这样！"

"这些纸箱塑料袋那么脏，都是垃圾，你留着它们做什么！"

"你看看你怎么搞得这么乱，玩具又摊了一地！"

很熟悉吧，请自行想象自己说这些话时的语气，指责、不满、抱怨，换做你自己，你愿意听吗？

事实已经告诉我们，尖刻的批评和斥责几乎永远都起不了任何作用。

在你说过这话之后，结果无非是两种，任由他这样或你自己收拾好，然后继续这个循环。

所以，为什么不换一种方式呢？

真心诚意地赞赏！

我们的家人不是纯粹按照道理或逻辑生活的，而是充满了感情的人。他们也是渴望被赞赏，渴望被肯定，特别是来自自己最亲密的人。

"哦，亲爱的，你这么贴心的，把袜子放进脏衣篮好吗？"

"爸妈辛苦了，这些东西就交给我来收拾吧。"

"哇，宝贝，你又发明了新的游戏呀，玩好之后全部放回玩具箱好吗？"

相信听到这样的话，他们的内心是快乐的，也会愿意按照你的话去做，久而久之，良好的习惯不就养成了吗？

所以，事先做好安抚工作，对于家人，首先是无条件的爱和接纳，然后做好自己的整理，改变自己看事情的角度，多多地赞赏。

这样子做整理的话，我相信家人肯定都会支持你的。

15 我要买哪些收纳工具呢？ ▼

1 . 先整理，再收纳

作为一名整理师，被问的最多的一个问题就是：我要买哪些收纳工具呢？帮我推荐些收纳神器吧。

是的，我的确知道很多好用的收纳工具。但在这个问题之前，请先了解一句话：先整理，再收纳。

很多人在开始整理的时候会很兴奋地先去买一大堆各种各样的收纳盒，但如果你不清楚自己都有什么样的物品、多少数量、大小和尺寸，就很有可能会买得不合适。

上门整理的时候经常遇到这样的情况，整理完之后，清理出来最多的物品竟然就是收纳盒。

按照系统的整理方法，审视所有的物品，舍弃不需要的，留下真正想要的，然后再去做收纳的动作。这个时候，才是要问"需要买哪些收纳工具"的时候。

当然，有的时候可能会来不及，或者手边的收纳工具不够，也可以先用家中现有的盒子暂时替代一下，鞋盒、牛奶盒、手机盒、首饰盒、糖果盒等。等新的收纳工具到了之后，再替换下来。

也有的时候你会发现，根本不需要额外的收纳工具，或者只需要很少的收纳工具。

比如本来的空间规划就很合适，或者物品的量其实不算多，或者抽屉、柜子等空间隔断都跟物品是匹配的，那就更省心了。

2.12 种常用的收纳工具

图中列出了 12 种比较常用、也比较基础的收纳工具，以及这些收纳工具和三大基础收纳空间元素的常规搭配。大家只需要根据自己留下物品的具体状况和对应的空间规划，确定哪种工具更匹配自己的需求，以及需要什么样的规格、尺寸、数量就可以了。

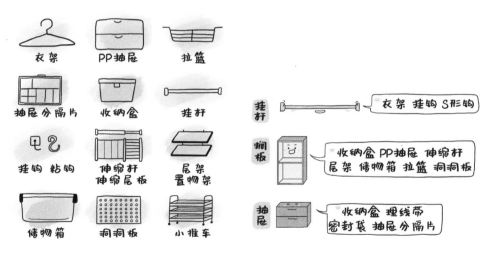

▲　12 种常用收纳工具　　　　　　　▲　收纳工具和收纳空间元素的常规搭配

3. 购买收纳工具需注意

第一，买任何收纳工具请务必量好尺寸（宽度、高度和深度）。尺寸的问题总是要强调，因为总有人按照自己的估计就去买了，买回来之后一旦不合适，即便可以退换也是很麻烦的事情。

第二，收纳工具尽量统一风格，视觉上看上去会更加整洁美观。颜色也是附加的信息源，一般建议白色、透明、原木色或仿木色等，这种淡色系的存在感比较低，不会增加额外的信息量。当然如果你就是爱好五彩斑斓，喜欢多姿多彩，那就遵循你自己的心意，以自己舒适为主。

第 5 章

维持篇

维持整洁的四大方法

01 终结混乱的关键魔法——归位 ▼

▲ 系统的整理方法

回顾一下系统的整理方法。

集中：拿出所有的物品，全部都呈现出来，掌握自己物品的数量，一次性全部整理完。

分类：对所有的物品一一分类，锻炼自己的条理能力，同时了解物品类别以及每一类物品有多少数量。

取舍：按照分好的类别，一一的检视，取舍，筛选物品，勇敢地面对过去的自己，看看自己都给了自己什么样的东西，去接纳，去反省，内观，重新定义自己想要的样子，定义自己想要的生活。然后去思考，如何提升，如何改善。控制入口，畅通出口，保持适量，迭代升级。

收纳：给留下的物品找一个家。收纳的过程也是检视空间规划和动线规划的好时机，借这个机会重新规划出最适合自己的生活动线，给所有的物品找到最合适的位置，借用各种收纳工具合理地规划收纳空间，做到既好用好拿，又能高效利用空间。

维持：整理完能够轻松维持才是真正的不复乱。整理完成以后，所有物品使用完一定要物归原位，才能一直保持在刚整理完的状态。

为什么很多人做不到归位呢？有些人说是因为自己懒，有些人说是家人不配合放回去。不管是懒得放回去还是别人不配合放，其实根本原因都是因为放回去不方便，索性就随手乱放了。当很多物品都这样随手一放之后，很快家里就又乱掉了，想要找什么东西又得到处去找，也不得不再重新整理。

归位这件事是不是容易做，是检验你规划的收纳系统是否合格的标准。所有的空间规划、物品收纳都是根据自己和家人的生活习惯来的，每一个物品都在合适的位置上，用的时候方便，用完随手就能放回去，这样才能长久地保持井井有条的状态。

02 养成购物前三思的习惯 ▼

想要维持整个家庭环境的整洁，还有一点很重要，那就是养成购物前思考的习惯。

购物前三思

- 列购物清单，避免冲动购物
- 为什么要买？
- 收纳位置、大小、尺寸
- 什么时候使用，用多久？
- 谁需要，谁使用？
- 使用场景，使用方法
- 数量、成本、摈视免费物品

1 . 列购物清单

走进超市，很容易被琳琅满目的各色物品吸引，刚需的鱼肉蛋奶、粮米油盐又被很有心机地藏在超市最里面。在走到终点站的一路上，超市会设置各式各样的红色陷阱，买一送一啦，买洗衣液送脸盆啦，五折促销啦。稍不留神，在到达生鲜区时，你的购物车已经填满了。

很多人往往在买回家后才醒过神来，又多买了好多东西。所以，在购买之前列好需要买的购物清单，严格按照清单购买，避免购入不需要的物品。

2 . 免费的物品慎重收，检视家中的免费物品

每个家中都有很多免费物品吧。酒店的洗发水、护发素，外卖的一次性筷子、餐盒，很多人会因为免费，而在家中囤积这类东西。很多家庭都是带回家去专门辟出一个柜子或者一个抽屉来收纳这些免费的物品。

但是，真的用得上吗？回答都是用到的时候少之又少。如果真的是需要用，那保留也无可厚非，但也要注意设定物品的数量和收纳空间，并时刻保持在这个数量上。如果是真的用不上，还不如一开始就不要带回家，既要花费你的时间，又要白白占据你的空间，那真的是得不偿失了。

3.想好收纳位置再买

你在购买新物品时会先想好东西放在哪里吗？如果想不出来，那就不要购买。一般来说，家里东西越来越多，收纳空间总是不够，很多情况下都是因为没考虑清楚就买回家了。

也可以按照控制入口、畅通出口的方法，一出才能一进。先想好丢掉哪件物品，腾出空间来，再决定买入新东西。这样才能始终维持家中物品在一个恒定的量上，空间也不会忽然爆满。

4.购买前确认自己的库存数量，集中收纳消耗品

有人有这种情况吗？明明家里已经有了，却还是多买了很多，或者同一本书买了两本。我在很多客户家中都遇到了这种情况。

如何避免重复购买呢？采购前先去这些物品收纳的地方，看看还有多少余量。这也是集中整理、分类收纳的必要性。同类物品集中整理有助于我们掌握拥有的数量，同类物品分类收纳，方便我们随时检查还剩余多少数量，可以很清楚地知道要不要再购买。

5.类似的物品是否已经拥有

一位学员反馈说，不小心又买了一件同款。冲动购物的人很容易发生这种行为，看见自己喜欢的就忍不住购买，买了之后又会后悔。

这种购物行为怎么改善呢？就需要做到平时足够熟悉自己的物品，充分了解自己都有哪些类型的物品。想买东西时，先问自己，我有没有功能类似的、款式类似的、颜色类似的物品。

6.买的物品尺寸是否对，是否真的合身，是不是自己真的喜欢

有没有人单纯因为喜欢一个颜色或者一个造型就买回来呢，比如一个家具、一件摆设、一件衣服。早年我也犯过这种错误，导致家里有很多用不了的物品。

其实不管是家具还是衣服鞋子，包括收纳工具，一定要注意尺寸。家具尺寸不对，你放不下，衣服鞋子尺寸不对，你穿不了。仅仅是为了一瞬间的动心，一时的好看，就囤积了更多的物品，只会带来长时间的心塞，以及不得不处理时的心痛。

7.想象自己丢东西的画面

一件物品你会用多久？通常用到什么状态时会丢掉？这会花费你多少时间？你会用什么方法来处理手边的物品呢？

比如说衣服，现在的衣服很少有穿坏的时候，最多是开线起球，或者不小心弄脏洗不干净了，大多数衣服放几年也都好好的。

整理的时候，很多人就开始难受了，确实太多了放不下，但扔掉又觉得好浪费啊，觉得自己糟蹋了好东西。各种纠结，各种难受，各种耗费时间。

取舍，就像一场场小小的战斗，心很累。所以在购买物品的时候，先想象一下自己丢东西的画面，自己是否已经准备好了承担这一切。

在购买前好好想一想这七点，养成三思的好习惯，减少不必要的花费，同时也能给以后的生活减少很多负担。

03 养成随手整理的习惯——5 分钟的妙用　▼

很多朋友都有这样的经历吧，也非常想整理，想把家里变得整洁，但脑子里总有一句话在盘旋，等会儿再收，等会儿再收。最后等到家里全部一团乱时，反而更加不想整理了。这个时候，请务必想一下，是不是没有做到随手归位。

抛开等会再收拾的念头，拿出来的东西，使用完之后务必物归原位。养成这个习惯，一个小动作就能轻松维持整洁的环境。

随手收拾，随手整理，很多时候也就是 5 分钟的时间。无论一个人一整天的生活有多忙碌，每个人一定都能挤出 5 分钟的空档。

有人会说，5 分钟能整理什么呢？大型的整理确实需要花很多时间，比如一次完整的家庭整理有可能要一两周或者一两个月才能完成。但如果只是将用完的东西放回原位，5 分钟时间足够了。将散乱的鞋子放回鞋柜，将沙发上的衣服收回衣柜，这些真的就是举手之劳而已。

事实上，很多人都没有意识到这 5 分钟的妙处，在已经做过一次完整整理的基础上，如果不想每次花一天时间来整理家里，不如每天花 5 分钟随手物归原位，这样就能大大减少家里散乱的状况，也能最大程度地轻松保持家里的整洁。

5 分钟能做的事

1. 检查药箱里药品的保质期。

2. 检查冰箱里食物的保质期。

3. 将桌上的餐具放回水槽并随手洗掉。

4. 整理电脑里没用的文件夹。

5. 将桌上的文具放回抽屉。

6. 遥控器放回它该在的收纳盒里。

7. 整理钱包里、包包里的收据发票。

8. 将收好的衣服该挂挂、该叠叠放回衣柜。

9. 扔在沙发上的包包放回原位。

10. 脱下来的衣服挂回衣橱。

11 玄关的鞋子收回鞋柜。

12. 用完的化妆品放回原位。

13. 丢掉旧袜子和有破洞的袜子。

14. 看完的书放回书柜。

15. 把地上的玩具放回抽屉。

04 制定整理行程表 ▼

　　制定一个整理行程表，定期检视家中物品，随时掌握自己拥有物品的状况，才能更容易维持整洁清爽的居家环境。

制定整理行程表

开/周	月/季	年度
☐ 将用完的物品放回原位 ☐ 买回来的东西收纳到对应的位置 ☐ 处理堆积的衣服 ☐ 碗盘清洗干净放回碗柜 ☐ 更换床品	☐ 日用品的存量 ☐ 冷冻物品的数量和期限 ☐ 换季整理衣服床品清洁衣柜 ☐ 换季整理孩子的衣服、鞋子 ☐ 药品、调味品的期限 ☐ 处理看完的书	☐ 集中整理 ☐ 升级进代 ☐ 检视不常用区域 ☐ 检视超量物品

按照天／周、月／季、年的时间段来制定，配合自己的生活状况，规划出更轻松更适合自己的行程表。

一天可以用来做什么呢，就是每天随手 5 分钟的整理，当天的事务不要拖延到明天。

当天用完的物品一定要放回原位。

买回来的东西收纳到对应的位置。

晒干的衣服放回衣柜。

碗盘清洗干净放回沥水架或者碗柜。

很多人即便平时多做几个随手 5 分钟，还是会有很多来不及整理好的物品，这些就可以放在周末的日子来完成。

比如收纳没有整理完的衣服，现在的工作和生活确实忙碌，很多时候，洗好的衣服就一直挂在阳台或者堆在衣服篮里，那周末就可以安排固定的时间完成整理。要知道如果继续堆积的话，一方面会很难找到自己要穿的衣服，另一方面就是堆得越多越不想整理。

每周能做的事

每周检查一遍食品的库存和保质期，看看家里还有哪些余粮，有没有过期的或者保质期临近的食物。藏在冰箱深处的食品，该扔的扔掉，该吃的吃掉，同时清洁冰箱。

周末还可以去清点下肥皂、纸巾等生活用品的库存量，一般家庭周末会安排一次采购，清点完库存，知道自己的余量之后，就可以列出需要购买的清单，按需购买，避免购入多余的物品。

每周或者两周可以安排换洗床品。

配合气温的变化，稍微调整衣柜里的衣服类型，同时处理掉不穿的衣服。

检查是否有已看完的书，是否已经完全吸收，这本书还有必要保留吗，需要保留的书放回书柜，看完没有价值的书就可以丢掉。

每月能做的事

每月固定检查冷冻食品的数量和期限，一般冷冻食品的期限会比较长，但也尽量不要放太长时间。要检查一下还剩余哪些，是否已买回来很长时间了，该吃的赶紧吃掉。

如果有的食品放了很长时间，那就看一下是否这类食品买得太多了？是不喜欢吃，还是已经忘记了？如果太多了，就减少这类食品的库存量，如果不喜欢吃，就把它放入不买清单，以后不要再买了。如果已经忘了，那就要好好想想为什么会忘记掉。

定期检视和总结，会有效地帮助我们控制物品的数量，以便于生活中更好地维护空间。

每个季度或半年能做的事

每个季度或者半年，可以做换季整理。

将过季的衣物全部清洗干净晒干，放进储物箱，折叠整齐，将箱子放入顶柜或者其他不常用的区域，被子同样晒干晒透之后收起来。

当季要穿的衣服全部拿出来，通风晾晒，视情况看是否需要清洗，全部放入衣柜。

在换季的过程中，顺带检查所有的物品，是否穿过，是否还喜欢，是否还需要，及时清理掉不需要的物品。

有孩子的家庭，检查孩子的衣服和鞋子，孩子一直在长个，穿衣服也比较费，检查一下大小看能不能穿，有没有破洞、起球、洗不掉的脏污等，及时给孩子购买新衣服。

检查药箱，确认所有药品的保质期限，过期的全部扔掉，同时确认需要再备哪些家常药品。

检查调味品的保质期限以及当前的状态，已经过期或者没有密封好已经变质的调味品都可以丢掉，同时确认需要购入哪些物品，列出清单。

检查筷子的状态，是否已经开裂、或者有洗不掉的脏污，更换成新的筷子，建议筷子平时不用摆出来很多，就比家中人口多出一双就够了，三口人就用 4 双筷子，每半年定期换新的。

趁着换季，清洁衣柜，一定要选一个好天气，将柜子中的物品全部拿出来，将柜子里的灰尘清洁干净，再用湿抹布擦干净，然后风干。还可以用稀释过的酒精或消毒水全部消毒一遍，注意柜门里外都要清洁干净。其他柜子和抽屉同样清洁一遍。

每年的整理行程表怎么安排呢？

可以选在自己比较空余的时间，比如过年的时候，比如某次换季的时候，再来一次大型的整理，集中整理所有的物品，把不需要的物品都处理掉，常用的物品收纳在对应的场所。一年过去了，没有穿过的衣服、没有用过的物品，基本上你下一年也不会再穿再用，及时清理掉。

一年又过去了，自己又成长了吗？环境和场所有什么变化吗？之前的衣服还适合现在的自己吗？现在的气质和生活状态更需要哪些类型的衣服呢？有哪些物品需要升级呢？

伴随着整理，同时检视自我，内省觉察，将生活中的物品升级换代以更配得上现在的自己、更适合现在的自己。人生也是需要迭代的。

整理所有的卡片，会员卡、积分卡、银行卡等，不需要的，已经用完的，再也不会用的都丢掉。

回收处理掉已经看完不再看的书籍、杂志、报纸，该卖掉的卖掉，该送人的送人。

检查橱柜和吊柜深处有没有没用到的物品，重新评估是否真的需要。

检查床品包括被子、床单和毛巾浴巾的使用状态，及时更换新的。

检视家中的碗盘、杯子等是不是超量，日常生活中会不会用到这么多，只保留足够使用的数量。

从天到周到月到季到年，根据自己的实际情况，制定一份专属于自己的整理行程表。

做好一次系统的整理，再加上日常的维护，保持不断升级迭代，后面是不太需要花太多时间在整理这件事情上的。

但难就难在开始，难在如何在第一次整理中规划好空间，确定好位置，定义好数量，做到物归原位，难在如何管理好自己的入口和出口，养成购物前三思的习惯以及及时清理不要的物品的习惯，这些都需要一点一点改善，逐渐达到自己的理想状态。

家的课题，永不停歇

«««« POSTSCRIPT

新家入住的时候，借着搬家的机会把家里的东西全部理了一遍，又清理掉一部分不再需要的物品，然后把东西一一放好。设计房子的时候，家里所有物品都了然于心，每个空间放哪些物品都清清楚楚，所以新家的入住整理并没有花多少时间。

但，这并不是结束。

入住之后，还陆陆续续做了很多调整。

玩具最初全都收纳在大厅里，是为了让辰辰玩耍的动线更短，所有他喜欢的东西都在他身边。后来把玩具都转移到他自己的房间里，是为了有更宽敞的玩耍区。

等他慢慢长大些，会在他的房间添一张书桌，玩具区也会相应缩小。无论怎样变化，都是围绕辰辰当前阶段的状况，最大化地满足他的需求。

大厅的格局也经常变化，写书的这会儿，沙发已经被辰辰从中间推到了黑板墙下面，理由是他的领地扩张了，沙发需要靠边站。

　　洗漱区也经历了好几轮变化，最开始为了辰辰能够轻松拿到自己的牙具，置物架是钉在侧面的。

　　后来变换了下方向，增加了皂盒。某一天，皂盒上的洗手皂跑到架子上去了，辰辰把自己的牙刷牙膏都放在了皂盒的托盘上，也是很不错的收纳方式呢。

▲ 肥皂盒变成牙刷架

　　厨房更是几经变化，从餐厨分开的基本款到岛台款，再到最终的中西厨独立
＋餐厨一体化。

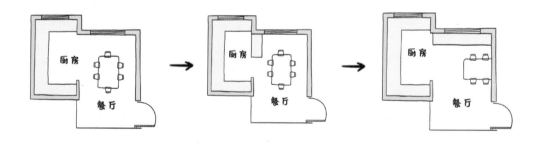

　　我的工作区也几经变化，最初儿童房只有一张床，只是一个备用房间，就被
我征用为工作室了，下午的光影也是漂亮得不得了。把玩具收纳区放进儿童房之
后，这间房里的工作区就撤掉了，儿童房还是单独给辰辰使用。

　　阳台从最初的只有寥寥几点绿意，到现在的枝繁叶茂，每一片叶子、每一根枝丫都见证了这个家的成长和改变。

家，是一个属于自己的房子，更是日日夜夜在这房子里过的生活。一年又一年，生活一直在变化，人也一直在成长，对生活的需求、看待事物的方式也会一直升级。家里的空间规划、物品收纳也要随之改变。

不断成长，不断升级，让家有系统，让爱有温度。一切，都为了让家人生活得更舒适。

关于家的课题，永不会停歇。

有天晚上，辰辰躺在床上搂着我的脖子忽然说了句："妈妈，我们的新家住得好舒服啊，我喜欢这个家。我们在这里住一百年好不好！"

好的，我们一起住一百年！